2~6岁幼儿行为心理学

方聆◎著

中国纺织出版社有限公司

内 容 提 要

在父母的眼中，幼儿的行为总是看似奇怪、难以理解，很多父母倾向于固执地跟孩子的行为较劲，对于探索孩子的内在缺乏耐心、兴趣和方法，因此与孩子之间产生了种种冲突。

本书从教育心理学的角度，透过现象看本质，透过行为看心理，从2~6岁幼儿行为的特点、敏感期行为、"自我"行为、叛逆和攻击行为、补偿行为、安全行为、游戏行为、智力和学习行为、社交行为以及行为干预方面，对幼儿行为进行了详细的诠释和分析，并提出有建设性的指导建议，帮助父母们更好地理解和指导幼儿的行为发展，让孩子更加健康快乐地成长。

图书在版编目（CIP）数据

2~6岁幼儿行为心理学 / 方聆著.--北京：中国纺织出版社有限公司，2024.1
ISBN 978-7-5180-9416-5

Ⅰ.①2… Ⅱ.①方… Ⅲ.①儿童心理学 Ⅳ.①B844.1

中国版本图书馆CIP数据核字（2022）第043440号

责任编辑：江 飞　　责任校对：高 涵　　责任印制：储志伟

中国纺织出版社有限公司出版发行
地址：北京市朝阳区百子湾东里A407号楼　邮政编码：100124
销售电话：010—67004422　传真：010—87155801
http://www.c-textilep.com
中国纺织出版社天猫旗舰店
官方微博http://weibo.com/2119887771
三河市延风印装有限公司印刷　各地新华书店经销
2024年1月第1版第1次印刷
开本：880×1230　1/32　印张：7
字数：122千字　定价：49.80元

凡购本书，如有缺页、倒页、脱页，由本社图书营销中心调换

前 言

看见真正的你

每一位父母都想把自己的孩子捧在手心，好好爱他们，从小就培养他们具备良好的品行，但是很多时候却事与愿违。孩子的行为不受父母控制，不能朝着父母所希望的方向发展。父母对孩子的爱似乎不能很好地发挥作用。

孩子想自由地探索世界，尽情地释放自己的活力，得到能给他足够安全感的爱，但是他们的愿望也得不到充分满足。他们的行为常常不被理解、被限制、遭受训斥，他们甚至感觉不到父母的爱。他们对外界发出的呼唤常常没有被听到。

父母和孩子之间到底有着怎样的误会，才使各自的需求都无法得到很好的满足？明明父母爱孩子，孩子渴望父母的爱，而爱却无法很好地传递。

也许，是我们做父母的没有"看见"真正的孩子。

孩子每天都在我们眼前，一颦一笑，一嗔一怒，一言一行，怎能看不见呢？

其实，只是我们的眼睛看到了，而我们的心灵并没有看到他们；我们只是看到了他们的行为，看到了表象，却不了解表象背后隐藏的是什么。

一直以来，我们认为了解幼儿并不难，他们的言行那么浅显、幼稚，一眼就可以看穿。况且，我们每个人都经历过幼儿时期，谁还不知道小孩子会想些什么呀。所以，相对于学龄儿童，我们对幼儿教育较为轻视。个别父母养育幼儿的标准甚至是吃好、穿暖、不磕坏、碰坏就可以。而对育儿有着更高标准，对孩子有着更多期望的父母也常常在现实中碰壁：他们的行为怎么那么奇怪、难以理解？为什么我使出了浑身解数还是无法让他们安静下来？为什么他们有那么多"毛病"难以纠正，而引导他形成一个好的习惯却那么难？

这说明，我们对幼儿并不了解，我们没有抓到本质，所以无法从根本上解决问题。孩子的每一种行为都代表着其背后的某种心理需求，看不到这种需求，不能跟这种需求对话，就无法真正了解孩子，也无法理解他的行为。但是，我们更倾向于固执地跟孩子的行为对话、较劲儿，对于探索孩子的内在却缺乏耐心、兴趣或方法，因此与孩子产生了种种冲突。

解决这个问题的办法在于看见真正的孩子：透过现象看本质，透过行为看心理，放下头脑用心灵。不要只是用对错衡量孩子的行为，而是要用内心去感受孩子的内心。行为只是人与人之间彼此了解的桥梁，只是内心情绪的载体，只有走过这座桥梁，到达孩子的内心，读懂他的内心，很多问题才可迎刃而解。

为了更好地利用这座桥梁，我们应该对孩子的行为更加宽

前言

容，让他们通过行为充分地表达自己。不要因为他们的行为不够乖巧，表达方式不合己意而限制他们。在他们还不擅长语言表达的时期，只有通过他们的行为语言，我们才能更好地了解他们的内心。

另外，幼儿的行为是他们展示自己和发展自己途径。他们用行为表达他们对世界的想象和认知，用行为观察和学习一切，用行为推动着自己的身体、思维、心理的发展。父母只有对他们的行为更加宽容，他们的各方面才能得到充分发展。

然而，这并不是说要放纵他们的不良行为。在幼儿时期，把不良行为消灭在萌芽阶段特别重要。因为习惯行为的养成和改正都很困难，一旦不良行为养成，将来就会难以改正。因此，引导孩子在幼儿时期形成更多的良性行为就更加重要了。但消灭不良行为和养成良性行为都不能用强迫、控制等手段，而是要科学地引导，让幼儿在不知不觉中自然而然地形成。

在这本书里，我们解决了以上问题，带您通过行为走进孩子的内心，发现孩子的真实需求；和您一起探讨引导孩子各种行为的方法和路径。前者是"道"，后者是"术"。了解了"道"，才能更好地运用"术"。无论"道"还是"术"，都是为了让孩子的内心更加丰盈、快乐、健康、有活力，让孩子的品行更有利于自己和他人。最终，让孩子成长为一个"亲社会"的人，一个心智得到充分发展的人，一个让他自己、父母和社会都能够悦纳的人。

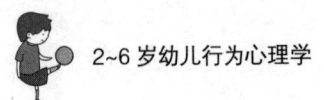

这是我们出版本书的根本目的。

愿我们都能通过行为看到真实的你——孩子。

方　聆

2021年12月

目 录

01 行为：儿童心理发展的推动力量 _001

行为是如何推动儿童心理发展的 _002

2~6岁幼儿行为的特点 _005

幼儿不良行为的形成因素和认识误区 _009

02 敏感期行为：儿童心智快速发展的时期 _015

爱说脏话狠话：终究是不雅行为 _016

阅兵式的汽车：维护的是内心的秩序 _020

爬上爬下：探索空间 _025

我要那个大的苹果：完美的感觉如此重要 _029

03 "自我"行为：全能自恋感的满足和破坏 _033

哭闹：需求未满足1 _034

哭闹：需求未满足2 _039

这是我的：自我中心化 _044

人来疯、插话：索取关注 _048

无视规则：孩子未走出全能自恋感 _052

04 叛逆和攻击行为：无处安放的心理能量 _059

逆反：获得独自探索的自主感 _060

不合作行为：忽视或过度关注都会让孩子逆反 _064

胡涂乱抹：原始的表达欲望 _068

打人、咬人：直接攻击行为 _072

哎呀，花瓶打碎了：被动攻击行为 _079

撞头：自我攻击行为 _084

05 补偿行为：只因内心缺乏爱 _089

不停地要玩具和零食：及时满足还是延迟满足 _090

沉迷玩手机：缺乏高质量的陪伴 _095

退行行为：其实是在呼唤爱 _099

06 安全行为：安全感是孩子天生追求的心理感觉 _105

走到哪里都带着洋娃娃：熟悉是一种安全感 _106

黏人：未形成安全依恋 _110

我不要弟弟或妹妹：妈妈的爱可以无穷多 _116

07 游戏行为：幼儿体验生活的独特方式 _123

角色扮演、假装游戏：实现现实中不能实现的愿望 _124

目 录

捉迷藏、找东西：锻炼孩子的双向思维能力 _ 128

"过家家"：泛灵心理 _ 132

08 智力和学习行为：
幼儿阶段的心理及思维发展模式 _ 135

玩水：幼儿的智力发展是从感觉到概念 _ 136

观察和模仿：幼儿学习的基础 _ 141

重复行为1：不重复的是心理体验 _ 146

重复行为2：图式模式 _ 150

从"是什么"到"为什么"：逻辑思维的初步发展 _ 153

说谎：孩子思维发展的一种方式 _ 157

09 社交行为：找到归属感 _ 163

认生：陌生人焦虑 _ 164

交换：人际交往的开始 _ 168

找朋友：其实是寻找认同感和归属感 _ 173

社交中的冲突行为：幼儿对朋友的深度体验 _ 177

我要和甜甜穿"情侣装"：

幼儿的情感能力是自己发展起来的 _ 183

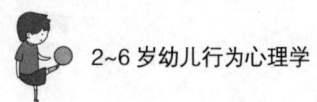

10 行为干预：
通过科学的干预手段引导孩子形成正向行为 _ 189

强化：对幼儿的行为结果做出干预 _ 190

正确的奖励与惩罚：去除奖惩中的控制 _ 194

自然后果惩罚：对行为不做过多干预 _ 201

正面期待：对幼儿未来的行为做出预言 _ 204

01 行为:

儿童心理发展的推动力量

　　幼儿的行为由心理主导,但行为又推动着幼儿心理的发展。因为连续不断的行为,幼儿才能不断地与这个世界接触并得以成长。行为对幼儿有着重要的意义。但我们真的了解幼儿的种种行为吗?虽然它可见、可观察,但是,它只是一个表象。这个表象背后究竟是什么?我们对幼儿的行为有着怎样的误解?只有找到这些答案,我们才能真正走近孩子。

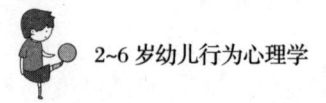

行为是如何推动儿童心理发展的

行为对幼儿的意义是,它推动了幼儿心理的发展。认知学派心理学家皮亚杰认为,心理既不是起源于先天的成熟,也不是起源于后天的经验,而是起源于动作,即动作是认识的源泉,是儿童认识世界、世界作用于儿童的中介。而幼儿无时无刻都处于活动中,都在做动作,都在发展着他们的行为。可以说,要衡量幼儿心理的发展,就要看他们的动作尤其是精细动作发展到了什么程度。幼儿通过动作、活动与世界接触,然后才能认识世界。幼儿的一切行为都是他认识世界的方式。

行为与心理的关系是,心理主导着行为,行为反过来又影响着人的心理。前者我们都理解,行为受心理支配,是心理的表现形式。但行为如何影响人的心理呢?

一个人觉得很委屈,于是他开始哭,结果越哭越委屈——委屈的心理导致了哭泣的行为,哭泣的行为又强化了委屈的心理。

一个人心情很不好,愁眉不展,朋友逗他:"笑一笑,笑一笑。"于是他笑了笑,心情果然好了一些——积极行为改善了糟糕的心情。

一个人很想学习,但是有拖延症,因此感到焦虑、痛苦——心理和行为不一致,会导致人紧张、焦虑等,这叫作认

01 行为：儿童心理发展的推动力量

知失调。终于有一天，他开始行动了，焦虑的心情变得好了一些——行动可以缓解焦虑，使人的内心达到平衡，尤其是心理和行动一致时。

一个人不喜欢学习，迫于环境，他尝试着去学习，却发现，自己其实没有那么讨厌学习——行动改变了认知。

以上例子说明，行为的确可以影响人的心理，积极行为会给人带来积极的心理体验。

反映在幼儿身上是什么样的呢？

一个小朋友原本不喜欢画画，妈妈却给他报了一个画画班，没办法，他只能勉强学。但渐渐的，他竟然也画得有模有样了，于是，他体会到了画画的乐趣，真的喜欢上画画了。从此以后，他不但积极地上画画班，还一有机会就画画。

这就是行为改变了心理，心理又促进了行为。

行为也会影响幼儿的思维发展，形成思维定式。

一个幼儿偶然通过交换物品和一个小朋友成了朋友，于是他就认为交换是交朋友的方式。以后，当他想和谁交朋友的时候，就拿着自己的东西去和对方交换。他不知道，通过其他方式也可以交到朋友，如分享、一起玩耍、有共同的兴趣等。但是，随着他年龄的增长，这些行为渐渐发展出来，他发现，通过这些方式也可以交到朋友。于是，他的思维定式得到了改变。

可见，行为推动着幼儿的各种认知不断向前。

幼儿的四肢和身体发展推动着他们去探索这个世界，幼儿

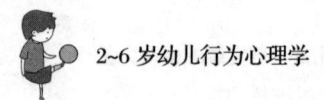

的哭闹、博取关注、攻击等行为推动着他们去体验情绪、情感是怎么回事，幼儿的叛逆行为推动着他们去体会欲望是怎么回事，幼儿的游戏和观察学习行为推动着他们的智力发展，幼儿的社交行为推动着他们去寻找归属感……

他们用行为与这个世界建立联系，得到反馈，从而调整自己的行为，使之更适应外界社会。假如没有行为，幼儿的成长一定会很缓慢。

幼儿每天都会出现各种行为，因为他们的心理和身体都处于快速发展时期。我们想帮助幼儿发展，但是有时候却不知道幼儿的内心发生了什么，幼儿又不太会表达，这个时候，观察幼儿的行为就成了我们了解他们内心的一个重要途径。行为主义心理学的代表人物华生说，人的心理犹如一个黑箱，我们无法知道里面有些什么，但可以通过行为进行推测分析——人的感知觉、思维、情绪情感、欲望、兴趣、意志、能力等无不是通过行为表现出来的。

如果没有行为，人与人的沟通将会更难，因为语言经过大脑的加工，有一定的欺骗性，行为比语言更真实、更直接，通过行为更能看到孩子真实的内心。因此，了解幼儿的种种行为及行为背后的心理，可以帮助我们看见真实的孩子，由此才能给他们真正的爱和帮助。

01 行为：儿童心理发展的推动力量

2~6岁幼儿行为的特点

爱动，且动作多、变化快

这是2~6幼儿行为的最大特点。幼儿的身心正处于迅速发展时期。身体上，四肢和手部精细动作快速发展，跑、跳、踢、攀爬、滚翻、手指活动等大小动作层出不穷。精力又十分旺盛，要想让他们安静下来，通常需要在充分的活动之后；心理上，对什么都很好奇，很容易被周围的事物及细小的变化吸引，注意力无法集中。通常是刚放下这个就又拿起那个，新鲜事物都要看一看、试一试，家里的东西也常常被他们弄坏，但大多时候并不是故意破坏，只是因为好奇。因为好奇，幼儿不但爱动手，也爱动嘴，"十万个为什么"常常挂在嘴边。

这个时期，他们的行为还没有目的性，随机性很强，尤其是两三岁的幼儿。例如，问他吃什么，他就随便说个东西，给他做好了，却又不吃了。让他画画，他也不知道要画什么，随手画几笔，问他是什么，他也会随意回答。这也会让我们觉得，幼儿的行为变化很快，无从捉摸。四五岁以后，这种现象开始有所好转。

敏感期行为一个接一个

在某个阶段，幼儿身上会反复出现某个行为，如翻抽屉、撕纸、东西一定要按他的要求摆放、明明吃不完非要吃一个大苹果等。这是因为幼儿出现了敏感期行为。所谓敏感期行为是指某段时间，幼儿对某个事物或某种行为特别着迷或执拗，会反复重复某个行为。但等过了这个敏感期，相应的敏感期行为就会消失，转而进入另一个敏感期，出现另一个敏感期行为。幼儿时期，敏感期行为会一个接一个。度过一个敏感期，幼儿的身心就得到了某种程度的成长；压制孩子的敏感期行为，则会阻碍他们成长。每个幼儿的同一个敏感期行为时期不尽相同，这也会造成成人的不理解："都这么大了，怎么还会出现这种行为？"其实只是他的某个敏感期比别的孩子稍晚而已。

喜欢模仿

2岁左右的幼儿开始喜欢模仿大人的言行。你说什么，他说什么；你跷腿，他跷腿；你做家务，他也学着你的样子做。模仿爷爷走路、奶奶跳广场舞，而且通常模仿得惟妙惟肖。也会模仿其他小朋友、影视作品里的人物等。幼儿喜欢模仿，除了觉得好玩、有趣以外，还因为这是他们学习的方式。幼儿通过重复他人的行为了解一件事情、积累认知经验、学习某种技能。等他们体验过或掌握了某种技能以后，往往就不再模仿了。因此，模仿既是幼儿学习一件事情的动机，也成为他们学习的过程。这也迫使成人必须有良好的言行。

热爱游戏

幼儿喜爱玩各种游戏。安静的游戏，如过家家、搭积木、涂色、捏橡皮泥、倒沙子等；活动量大的游戏，如捉迷藏、滑滑梯、扔球等；假装游戏，如把扫把当马骑，把椅子当汽车开

01 行为：儿童心理发展的推动力量

等。四五岁的幼儿想象力更加丰富，他们会玩更加复杂的游戏，如角色扮演；或者是规则游戏，如木头人、下棋等，并会在游戏中自行商定规则。幼儿时期的游戏不是单纯的游戏，都是一种学习方式，他们会把生活经验运用到游戏中去。如过家家游戏，就是幼儿和父母、兄弟姐妹以及小朋友之间真实生活的再现；角色扮演游戏，就是他们看过的艺术作品中的人物和情形的再现。通过游戏，幼儿对自己的一些生活经验进行深度体验，无形中提高了他们对生活的认知。

喜欢和同伴交往

3岁以上的幼儿出现了较明显的社交行为，他们开始热衷于交友，交友方式从交换、分享的物质层面过渡到寻找共同爱好、一起陪伴玩耍的精神层面，并把其他小朋友愿意做自己的朋友视为一种骄傲，不愿和自己做朋友视为自己的失败。

喜欢户外活动

身心的快速发展，好奇心的驱使，使得幼儿渴望有更大的活动空间，接触更多的事物，户外活动则满足了他们这种需求。幼儿喜欢户外活动，户外的花草树木、虫鱼鸟兽都吸引着他们，放风筝、捉知了、滑草坡等活动让他们痴迷，就连捡落叶、看毛毛虫都能让他们流连忘返。

易哭闹，情绪化，冲动行为很多

幼儿非常容易哭闹，尤其是3岁以下的幼儿，冲动行为因此也很多。经常是一会儿手舞足蹈，一会儿痛哭流涕，一会儿又笑逐颜开。这会儿和小朋友玩得还很好，下一秒就会抢夺东西甚至打起来，没多久又和好了。因为他们控制情绪的能力较差，容易兴奋也容易沮丧，情绪的不稳定性导致了他们行为的冲动性和不确定性。

叛逆行为的出现

大概从2岁开始，幼儿的自我意识开始萌芽，逐渐有了独立倾向，表现在行为上就是和父母"唱反调"，有时甚至是刻意的。例如，喜欢说"不"，父母说东他们非要往西，有时是明着来，有时是暗着来，如被动攻击、消极抵抗等。这其实是幼儿成长的标志，代表他们不再是父母的附庸，也代表着他们的活力，他们内心的各种欲望没有被压制，而是通过叛逆的方式表达了出来，这对幼儿的成长来说是件好事。

通过行动去认识事物

幼儿处于直觉行动到具体形象思维的过渡阶段，他们想了解什么会直接去做，靠动作和行动推进，先做再想，在行动中形成思维。而不会像成人那样边做边想，或想好了再做。这也使得幼儿的行动和动作非常多，甚至会有一些危险的动作和冲动行为。

同时，幼儿必须通过视觉、听觉、触觉、嗅觉和味觉五种感官体验，才能真正了解一个抽象的概念是什么意思，特别是2岁左右的孩子。例如"蓝天"这个概念，如果你只是教他这个词语怎么说怎么写，他不会真正了解，只有某一天他看到了蓝

01 行为：儿童心理发展的推动力量

天，并感受到了蓝天的美好，这时你告诉他这是"蓝天"，他才能真正明白。这也决定了幼儿必须通过各种动作、行为、活动去体验一切，才能真正成长，也更加说明了幼儿行为的重要性。

总之，2~6岁的幼儿行为的特点是，动作多、变化快、易冲动，并不擅表达行为背后的原因和心理，这增加了父母育儿的难度。而我们这本书就是要揭开幼儿行为背后的原因和心理，和父母一起探讨引导幼儿行为的方法，使得父母育儿更科学、更轻松，孩子可以成长得更好。

幼儿不良行为的形成因素和认识误区

幼儿不良行为的形成固然有幼儿的许多原因，如自我中心化、情绪化、自制力差等各方面的不成熟，但这些不成熟是幼儿成长过程中必然要经历的，幼儿的成长就是一个从不成熟到成熟的过程，我们没办法人为地把这些因素消除掉，只能针对这些原因采取相对应的方式去引导幼儿的行为。

除此之外，父母不当的教养方式及环境也是幼儿形成不良行为的主要因素，而这些因素通过父母的努力是可以规避或减少其影响的，值得父母去探讨。以下，我们主要探索外部因素。

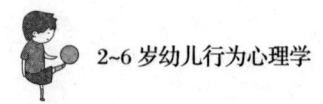

社会大环境的影响

我们的生活条件越来越优越和便利了,大量的玩具和手机、计算机等电子设备,让幼儿独自在家里就可以不无聊,他们到户外和小伙伴玩耍的欲望和机会降低了,这使得他们的活动空间小了,性格更加自我和孤僻了,社交能力降低了,不良行为就增多了。

另外,有些父母工作忙碌,孩子缺少陪伴,特别是留守儿童,他们情感上长期缺乏关注,行为上缺乏引导,更容易形成不良行为。但有些幼儿又被过多关注和宠爱,如前些年的一些独生子女,这容易导致他们形成任性、自私、唯吾独尊的性格,从而养成一些不良行为。

社会潮流虽然不可逆转,但社会环境对幼儿的影响是可以规避的。父母要尽量减少幼儿接触电子设备的机会,有专家指出,除了一些动画片,不要让幼儿接触电子设备。另外,要多带他们到户外或多和小朋友玩耍,父母对孩子多一些关注和陪伴,就可以减少他们形成不良行为的机会。

父母不够科学的养育方式

1. 没有对幼儿的不良行为进行及时引导

幼儿刚刚出现不良行为的苗头时,父母如果及时引导,就可以避免他们最终形成不良行为。但如果父母忽视或不懂得如何引导,就会导致幼儿的不良行为渐渐形成习惯,最终难以改变。

01 行为：儿童心理发展的推动力量

2. 对幼儿的正常行为限制过多

一方面是没有及时引导；另一方面是矫枉过正，对孩子的行为限制过多，要求过于严苛，这不准做，那不准做，导致孩子正常的欲望得不到满足，不得不采取其他方式去满足，从而产生叛逆行为或其他不良行为。例如，父母觉得吃零食是一个不好的习惯，玩具太多是一种浪费，因而不准孩子买，导致孩子的欲望被压制，只能去抢夺、偷拿其他小朋友的零食和玩具。

3. 轻视幼儿的行为习惯培养

因为幼儿年龄小，父母通常对幼儿的言行比较宽容，甚至不会把他们的不良行为视为不好的现象，看到了要么视而不见，要么轻描淡写地说一说，认为随着年龄的增长，这些行为自然会得到改善。而会把更多的注意力放在儿童的身体成长上，让他们吃好、穿好、身体健康成长，而忽视精神成长、心理健康以及良好行为习惯的培养。

4. 父母或环境的错误示范

幼儿的模仿能力强，如果父母、老师或其他人身上有不好的行为，就会被他们模仿。例如，父母和他人吵架、训斥孩子、说脏话狠话、玩手机、睡懒觉，孩子自然会去模仿这些行为，就算被教育这些行为是不好的，他们依然会模仿，并认为既然大人可以这么做，他们也可以这么做。除此之外，影视作品中的不良行为或者被幼儿误解为不良的行为，都会被幼儿模仿。例如，《西游记》中孙悟空三打白骨精，可能会让较小的

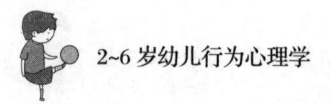

幼儿认为可以随便打人。因此，父母要尽量减少自己身上的不良行为，也要注意周围的环境是否有不良行为，遇到影视作品中的不良行为要对幼儿进行正确引导。

不过有时候，幼儿的一些行为并不是不良行为，也会被父母认为是不良行为，而大加干涉。

把正常行为当作"不良行为"

幼儿身上的很多行为由于处于发展中，不成熟，很容易被父母当作"不良行为"来处理。最明显的就是敏感期行为，幼儿把抽屉里的东西都翻出来，拿着家里的锤子敲敲打打，到处乱涂乱画……这些行为说明幼儿的心智发展到这个阶段了，是非常正常的行为，允许他们这么做，他们才能按照正常的轨迹发展，限制他们反而阻碍了他们成长。但因为父母不了解这些，会认为孩子不乖、爱搞破坏，给自己带来了麻烦，而不允许他们这么做，甚至训斥他们。

把出现"问题行为"的儿童视作"问题儿童"

有一些孩子相对于其他孩子更爱动，更加调皮捣蛋，更闹腾，情绪更激烈，因此被父母视为"问题儿童"，拼命地规劝、限制、训斥他们。其实，他们只是"高强度反应儿童"，即反应更迅速，更强烈，表达情绪的方式更极端，只是他们的应激状态和其他儿童不一样。这导致他们的行为很多、很乱、很夸张，也总是能引起环境的混乱。但发展心理学家认为，童年的真相不是"秩序"，而是混乱。这说明他们的内部有更

01 行为：儿童心理发展的推动力量

多、更特殊的需要，这些需要没有被压制、被隐藏，而是淋漓尽致地表现了出来。心理学家还认为，这些所谓的"问题行为"恰恰是他们学习的方式，如别的幼儿会规规矩矩地洗澡，而他们却会在浴盆里制造海浪，扮演船长。因此，不能简单地把他们视为"问题儿童"加以批评和限制。他们只是需要反应慢一点，表达方式舒缓一些，即能够调控自己的行为，那么他们的行为就会趋向于正常。

站在成人的视角看，幼儿似乎有很多不良行为。但如果用发展的眼光，从儿童的视角去看，幼儿的不良行为并没有那么多、那么严重，大部分都是正常的。我们只有对这些有更多的认知，才能有针对性地去规避、引导幼儿的各种行为。

02 敏感期行为：

儿童心智快速发展的时期

　　婴儿出生以后，一直到6岁，都会陆续出现一些阶段性的奇怪行为，让成人无法理解。因为不理解，父母总想去干涉，但孩子会执拗地维护自己的行为。这让我们意识到，这些行为对他们来说是如此重要。这些就是敏感期行为。度过一个敏感期，幼儿的心智就得到某种程度的成长。可以说，儿童的成长是伴随一个个敏感期进行的。

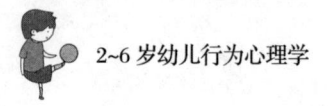

爱说脏话狠话：终究是不雅行为

在幼儿的某一段时期，父母会发现，孩子突然变得爱说脏话：

"屁！""狗屁！""臭妈妈！""滚，滚蛋！"

接着，父母会发现，孩子不但爱说脏话，也开始说起狠话来：

"你这个玩具一点都不好玩，是世界上最烂的玩具！我早就不玩了，一年前我就扔到垃圾堆里去了。"

"我从来不喝奶茶，新闻里说了奶茶里有毒！"

"敢动我的玩具，我打死你！"

"你是世界上最坏的小孩，没有人想和你做朋友。"

"你真是个笨蛋，这么简单的玩具都不会玩。"

而听到这些话的小朋友，不是哭着去找爸爸妈妈了，就是哭着去找老师了。就算没哭，心里也会非常难过。

脏话不好听，狠话伤人。那么幼儿是故意用语言伤人吗？

3岁以后，幼儿的基本语言已经形成，他们渐渐发现语言还有另外一个功能——语言是有力量的！夸张的语言能让人笑、让人惊奇，脏话狠话能让人不高兴，甚至哭泣。这使他们非常兴奋，开始反复使用这一功能。这时，如果别人反应越强烈，他们就会越得意。为了体验这种感觉，他们会没轻没重、不分

02 敏感期行为：儿童心智快速发展的时期

场合地频繁使用。

这说明幼儿进入了语言敏感期，他们开始对语言的特殊功能感兴趣。这个时期，与其说他们故意用语言伤人，不如说他们在体验这种语言的力量感，特别是有人"捧场"的时候。

"南南是傻瓜！是游戏黑洞！"

"你看那个小孩，长得像黑炭。还有那个女人，像不像母夜叉。"

"哈哈哈哈，哈哈哈哈……"小朋友们哈哈大笑起来。

雷雷也哈哈大笑起来，一脸得意扬扬的样子。他觉得自己很会说话。

"我会说脏话狠话、会嘲笑别人，所以我很酷、很厉害，你看他们都被我逗得哈哈大笑。"处于语言敏感期的孩子说脏话狠话更多是基于这种心理。

这个时候，原本不说脏话狠话的小朋友很容易被他们影响，因为幼儿本来就爱模仿，尤其是这么吸引人注意的行为。有时候，一个小团体里如果几个小朋友都这样说话，新加入的小朋友为了快速融入这个团体，也会学着他们这么说话。

还有一些孩子则是用这种方式吸引别人的注意，尤其那些缺乏关注的孩子或对关注度具有高需求的孩子，会故意用这种方式吸引别人的注意。虽然他们得到的关注可能是父母、老师的训斥，或其他小朋友的还击，他们也乐意。对那些缺乏关注的孩子来说，负面关注也比没有关注好。

不管幼儿说脏话狠话的初衷是什么，这终究是一种不雅的行为，何况客观上也确实会给别人带来伤害，所以还是需要引导。引导可从以下几个角度入手。

父母反应不要过于强烈

幼儿说脏话狠话本来就是要吸引别人的注意，那么父母反应越强烈，他们越这么说。父母本来是要阻止他们，结果反而强化了这个行为。所以，父母不如淡淡地反应，如一笑了之，或者没什么反应，听见了当没听见，那么他们觉得没意思，也就不说了。尤其是孩子刚出现这种行为时，父母没有什么反应，他们就以为这种语言和其他语言差不多，没有什么特别之处，也就不会刻意去说了。对于处于语言敏感期的孩子来说，这种语言也就持续几个月就自然消失了，所以不必过多干涉。

父母也要想一想，是不是自己对孩子缺乏关注，他们才要这么说话来吸引你的注意。如果有的话，要告诉孩子，用正确的方式来表达需求。而自己也要给孩子更多的陪伴、关注和交流，使孩子不需要用这种方式赢得父母的关注。

如果孩子在刻意伤害别人，父母一定要纠正

如果孩子发现了这种语言的功效——能够伤害别人，而故意用这种语言去伤害、侮辱其他小朋友，那么父母也不能置之不理。提醒他这种话说着玩玩可以，但刻意伤害人不行，不能把自己的快乐建立在别人的痛苦之上，这是一种不善良的行为。尤其是不能调侃别人的外形，这是对别人的不尊重。

02 敏感期行为：儿童心智快速发展的时期

父母不要做示范

别让自己成为孩子说脏话狠话的"榜样"。在孩子面前不说脏话，父母比较容易做到，但不说狠话，不太容易做到，因为人有情绪时，狠话很容易脱口而出：

"反正我把饭做好了，你爱吃不吃！"

"不就在你面前吗，你没长眼睛吗？"

"笨死了，猪都比你聪明！"

这些话，因为不带脏字，所以容易被我们忽略，实际上，它比脏话更难听。我们要注意，尽量不这样说话。

不仅如此，父母说话还要优雅、文明，给孩子美的熏陶。孩子知道了什么是美的语言，那么当他听到不美的语言时，也会从内心鄙视它，而不去学习。

最忌讳的是，父母一边训斥孩子不能讲脏话狠话，一边自己脏话狠话不断。

当孩子被狠话伤害时，父母要妥善安抚

在语言敏感期内，孩子可能会说脏话狠话，也可能会被别人的脏话狠话伤害，这个时候要妥善安抚孩子的情绪。

天天哭着奔向妈妈："妈妈，那个小朋友说我是笨猪。"

妈妈抱住天天："他为什么这么说？"

"我们玩游戏，那个游戏我没玩过，总是输，他们就说我是笨猪。"

"那你觉得你是笨猪吗？"

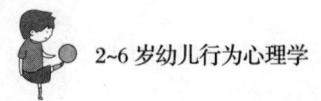

"不是,换个游戏他们就是笨猪了。"

"呵呵,所以你看,你对自己有很清楚的评价,何必在乎他们说什么呢?反正他们说什么也改变不了你很聪明的事实。"

天天笑了。妈妈趁热打铁:"你这么伤心,所以你可不可以这么说别人呢?"

"不可以。这是一种不好的行为。"

"你这么通情达理,是一个特别善良、特别聪明的孩子,妈妈爱你。"

引导孩子不要在意别人的狠话,同时也引导孩子不要对别人说狠话,那么这种语言就会渐渐从孩子的世界里消失。

幼儿的脏话狠话不是洪水猛兽,更多的是在体验语言的力量。我们要适度引导,不要反应过激,就可以使他们平稳地度过这个时期。

阅兵式的汽车:维护的是内心的秩序

有一次去朋友家做客,一进屋门,我惊呆了,我是来到了"汽车展"还是停车场?只见一行行、一列列汽车整齐地排列着,小的一排,大的一排,中间是半大不小的。每一排又按颜色和车类排列,白色的挨在一起,红色的挨在一起……轿车跟轿车排在一起,卡车跟卡车排在一起……我心中感叹:"阅兵

02 敏感期行为：儿童心智快速发展的时期

部队都没有你排得整齐呀！"

看我"无路可走"，朋友想把这些车收起来，她刚拿起一辆小汽车，儿子毛毛就飞快地从卧室里冲出来："别动！"他拿过妈妈手里的汽车，小心翼翼地放在原来的地方，并把妈妈碰歪的一辆车重新摆好。"我来收拾。"他拿来玩具箱，仍然按大小、颜色、车类一辆一辆地摆放在玩具箱里。

"唉，这孩子，可能有强迫症。"朋友无奈地叹气道，接着又说，"不仅摆汽车要这样，其他的事情也要这样：爸爸的鞋子放在鞋架的第三排，妈妈的鞋子放在第二排，自己的鞋子放在第一排。穿衣服一定要按顺序：先秋衣，再秋裤，然后保暖衣、保暖裤，最后再穿外套。有一次想省事儿，秋衣和保暖衣一起套上了，他死活不愿意，一定要脱了重新穿。更离谱的是，最近回家时，一定要我抱着，他爸爸开门……你说，他是不是有强迫症？"

其实，这不是强迫症，而是秩序感，毛毛进入了秩序敏感期。在这个时期，他特别强调秩序，凡事都要讲秩序。秩序有什么存在的价值？

万事万物都有秩序，都需要秩序。春天，百花齐放，风和日丽；秋天，万物凋零，树叶飘落。这是大自然的秩序，如果这个秩序乱了，大自然一定会出现灾难。神经系统的信息通通传回大脑处理，血液从心脏流出又回到心脏，氧气有条不紊地上传下达周游全身，这是人体的秩序。这个秩序如果乱了，人的健康一定会出现问题。那么人的内心，也需要有秩序：什么时间做什么，怎么做，做到什么程度。秩序，让人的生活有条不紊，让幼儿对自己的生活有掌控感，让孩子的内心有安全感。而破坏孩子心中的秩序感，则会带来孩子思维、感觉、情绪和心理的混乱。面对一片混乱，孩子没有办法集中精力学习和生活，大部分精力都在应对混乱，自然也就失去了对生活的掌控感和安全感。

而一个秩序感比较好的人，学习和生活都会安排得更好一些。

我有一个同事，从事财务工作，一次吃虾的经历，让我见识到了一个特别有秩序感的人是什么样的。我发现，她剥掉的虾壳，头都朝一个方向整齐排列。这个举动震撼了我，知道她做事有条理，没想到有条理到这种程度。这样的人，生活中你可以说她有点强迫症，可是用在工作中就是优点。她的工作特别需要秩序感，多年来，她经手的账目、发票、收据等，没有一丝差错。她的生活也因有秩序感而经营得不错，何时结婚、生孩子、买房，都安排得妥妥当当。所以我一直觉得，有秩序感的人，人生效率会更高。

讲秩序不能简单地说是一种错或对的行为，它只是一种人格特质，我们的人生需要一定的这样的人格特质。假如孩子在幼儿时期的秩序感得到良好发展，无疑对他的人生有很大的帮助。

所以，孩子的秩序感应该被得到保护。

02 敏感期行为：儿童心智快速发展的时期

宽容孩子的讲秩序行为

不要把孩子讲秩序的行为轻易地定位强迫症，更不能因此去干涉他。幼儿时期的行为，不要轻易"盖帽"定性，因为一切都处于发展变动时期。尤其是敏感期行为，通常是出现一段时间就结束了。也不要否定孩子的类似行为："不摆好也没问题！""已经很整齐了，不用再整理了！"尽量去顺应孩子的秩序行为，如果做不到顺应，起码不干涉。

保护孩子的讲秩序行为

当孩子的讲秩序行为被人反对和质疑时，父母要尽量保护。

"这孩子这么执拗，强迫症这么严重，长大可怎么得了？"

"我的孩子没有强迫症，也不是一般的执拗，他是到了秩序敏感期，每个孩子到了这个阶段多多少少都会出现这种行为。"在不影响别人的前提下，保护孩子实施他的秩序行为。

当孩子因秩序感得不到满足或遭到破坏而产生负面情绪时，我们要允许他们宣泄情绪并安抚他们的情绪。例如，毛毛的爸爸把他的玩具随意扔到玩具箱里，毛毛大哭："不是这么放的，不是这么放的。"爸爸不以为然："怎么放不都一样吗？这点事儿也哭。"妈妈最好上前安抚，允许孩子哭泣，并说服爸爸，让孩子按照他的秩序把汽车重放一遍。这不是纵容，而是在帮助孩子平稳度过秩序敏感期。

和孩子玩一些讲究秩序感的游戏

父母可以想办法主动满足孩子秩序敏感期的特殊需求。如

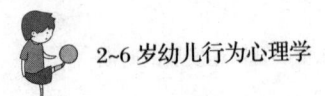

和孩子玩一些讲究秩序感的游戏和玩具，如同颜色的魔方块必须组合到一面，才算成功。有些拼装玩具，也必须按照一定的秩序拼装。还有多米诺骨牌，从排列到推倒都是按秩序的。玩这些玩具，既能满足孩子对秩序感的需要，又能促进手部肌肉的发展。

"乱乱的"也是一种秩序

我们所说的秩序感是内心的秩序感，不是外在的秩序。对有些人来说，整齐、顺序、规律是一种秩序；对有些人来说，"乱乱的"也是一种秩序。曾见过一个小学生，他把自己的零钱杂乱地摊在桌子上，每天上学前拿一张，或一块，或两块，或五块，但妈妈每次看见了都帮他叠整齐，他很生气："妈妈，你不要帮我收拾好不好！""叠整齐你才好找呀，你看你这乱得一点秩序都没有。""不，妈妈，我这样非常有秩序，我一眼就知道我的东西在哪里。" 所以说，每个人的秩序感是不同的，我们要尊重孩子独有的秩序感。对有些幼儿来说，把汽车摆整齐是秩序，对有些幼儿来说，胡乱堆在玩具箱里就很好。所以，幼儿的秩序感是他个人内心的感觉，而不是其他人认为的秩序。

维护孩子的内在秩序，就是维护孩子内心的和谐，在这个基础上，他才能形成笃定的、完整的自我。

02 敏感期行为：儿童心智快速发展的时期

爬上爬下：探索空间

在公园里、小区里，甚至银行、商场门口等地方，只要有斜坡或者无障碍通道，经常有幼儿在那里爬来爬去，跑来跑去。尤其是斜坡，幼儿对它情有独钟。

在我家附近的街边公园里，有一段台阶，中间是一段类似滑梯的贴了瓷砖的斜坡。因此，那儿成了孩子们的抢手乐园，经常看到孩子们排着队在那里爬上爬下，滑上滑下，乐此不疲，大人拉都拉不走。那斜坡已经被孩子磨得光溜溜、明晃晃，真的像滑梯了。大人不理解，这有什么好玩的，比昂贵的玩具还好玩？

这其实是孩子在体验空间的感觉。从上到下是什么感觉，从下到上是什么感觉，那斜坡很窄，如何驾驭自己的身体才能使自己不侧翻到斜坡下面，都需要幼儿能够衡量出其中的空间距离。这很像开车，什么样的宽度车能通过，什么样的宽度车不能通过，上坡怎么开，下坡怎么开。尤其是停车，特别考验一个人的空间感。我有一个朋友去学车，教练这样说她："你对空间没有感觉吗，这么宽你还过不去？"我在想，是不是小时候玩斜坡或者滑梯太少。不过相对来说，女性的车感和开车的胆量不如男性，是天性的区别吗？应该有女孩小时候爬上爬下被限制，而男孩相对被宽容的原因吧。

幼儿探索空间的行为很早就开始了。刚刚会爬的时候，他们就开始用手和脚探索台阶的高度和宽度；会走以后，他们开始反复地上下楼梯，哪里不平走哪里，哪里有坡走哪里。这不光是腿和脚发展的需要，也是在体验空间感；幼儿一岁多的时候有一个经典的行为，特别喜欢翻腾柜子和抽屉，他们很好奇，这小小的空间里竟然可以装这么多东西；再大一点，他们喜欢捉迷藏：这个空间里刚好能挤得下我，还不被人发现，太奇妙了；后来，他们又喜欢玩帐篷、钻来钻去，很多小区或商场里的儿童玩耍设施都有滑梯、洞、桥等设计，就是迎合了儿童想要探索空间的发展特点；还有我们后面谈到的"上下图式""动态垂直图式""来回图式""覆盖图式""穿越图式"等，都是儿童在探索空间感；就连孩子经常玩的积木，也是在探索空间。这块圆形积木只能插进这个孔（空间），那块三角形积木只能插进那个孔。当整个积木完成之后，孩子对空间的认知立刻从平面上升到立体。

所以说，空间敏感期是持续时间最长的敏感期，从0岁到6岁。

不要过多阻拦孩子探索空间的行为

有些空间敏感期行为因具有一定的危险性，所以会被父母阻止。危险也是事实。记得小时候有一次我从低处往高处跳，自己判断了那个高度是可以跳上去的，但结果，腿上去了，手没抬上去，重重地打在石头上，几根手指顿时脱皮流血。但是，就像不能因噎废食一样，大部分的空间探索行为都是安全

02 敏感期行为：儿童心智快速发展的时期

的，而且幼儿有很强烈的自我保护意识。例如，幼儿刚刚学习爬楼梯时，会尝试各种姿势反复试探，确认安全才会爬下去。如果他们觉得有困难或危险，一般也会用哭声和叫声来求助。我亲眼见过两个幼儿游刃有余地探索空间。

一个是3岁的小女孩，妈妈开了一家复印店，因为要招呼客人，无法每时每刻都盯着小女孩。我看到，小女孩反复地从凳子上爬到桌子上，在桌子的边缘走来走去，桌子中间是打印机和一些零碎的物件。我提醒小女孩的妈妈，小心她掉下来。她说："没事的，从学会爬就这样了，从来没有掉下来过或磕着碰着，而且，我会用余光看着她的。"

还有一次，去一个好朋友家。朋友忙着做美食招待我，3岁的儿子在电视柜上的边缘走来走去，那边缘仅仅能过去双脚，堪称"飞檐走壁"。我看着很焦急，朋友却说，不要紧，早就练出来了，从会走就开始在这里"飞檐走壁"了，从来没掉下来过。他知道保护自己的，刚开始走得很慢，小心翼翼的，现在熟悉这个空间了，就走得很快了。

所以，对幼儿探索空间的行为不用过于担忧。如果过多阻止幼儿探索空间的行为，就会像我的朋友那样，空间感和车感很差。我上学学数学时，代数很好，几何很差，跟空间感不好也有关系。很多女孩的数学成绩不如男孩，是否也跟空间感不如男孩有关呢？很多女孩小时候探索空间的时候更容易被大人限制："女孩子爬来爬去，跳来跳去的，哪像女孩！"男孩也会被限制:"那儿不能上,危险!""那儿太脏了,别摸!"但是孩子有时喜欢脏脏的斜坡胜过干净的滑梯,因为滑梯是人制造出来,两边有扶手,下面有软垫等保护措施。而斜坡却是天然的,没有任何保护措施,这对幼儿来说更刺激。

给孩子创设安全的探索空间的环境

为了更放心地让孩子去探索,我们也可以为孩子创设安全的探索环境。例如,把家里的空间腾挪得大一些,给桌子的边边角角包上保护套,在地面铺上软软的垫子,用家里的纸箱和泡沫板给孩子搭建一个探险迷宫!还可以和孩子一起制作这些,让孩子知道,父母鼓励他们探索,但他们也要注意安全。如果家里条件允许,可以在家里给他们布置一个小型的儿童乐园。如果条件不允许,很多小区、幼儿园里都有这样的地方,都可以成为孩子安全探索空间的好地方。还有一些机构开展的户外活动,既专业又安全,对孩子探索空间和发展空间感也是非常有益的。

总之,在进行空间探索时,父母可以在一旁陪伴、关注,但不要总是牵着他们的手,也不要试图阻挠或大喊大叫,把自己的担心和恐惧传递给孩子,只需要在他们即将遇到危险时,及时提醒或相助。

孩子的降生,是从一个有限的空间降落到一个无限的空间。这个空间是什么样的,多大、多远、多高、多开阔,或者多么狭小,都需要孩子自己用手、脚和各种感官去体验。父母所能做的,就是给他们体验的自由。

我要那个大的苹果：完美的感觉如此重要

很多父母都曾被孩子的这个问题烦恼过：

你切了一块苹果递给孩子，他一口拒绝："我不要这个苹果，我要那个苹果。"他指着一个大大的完整的苹果。

"那个苹果你吃不完，就吃这个吧，我已经削好了。"

"不要，我就要那个大的苹果。"他开始撒泼打滚，直到你把那个大的苹果给他。

换成饼、饮料、饼干、鸡蛋，一样如此："我要整瓶的饮料，不要半瓶的饮料。""我要整个鸡蛋，不要半个鸡蛋。"

这种行为背后究竟是什么原因？明明吃不完，甚至幼儿有时候也知道自己吃不完。这是因为，孩子进入了另一个敏感期，完美敏感期。其表现是，什么都要大的、完整的。一般2岁多，幼儿开始进入这个时期。他们认为，完整的东西才是美的，大的东西才是美的。这意味着他们有了审美意识，而且这种意识是从吃开始的。接着，他们不仅要求吃的食物是完整的、大的，还要求是漂亮的。苹果上必须没有斑点，且颜色鲜艳。这代表他们的审美更细腻了，对美的要求更高了。

再接着，他们的注意力从食物过渡到事物上。要用大的碗，大的勺子；要用整张纸画画；一个玩具损坏了便不要了；衣服必须没有褶皱或污渍，被子必须平整如新……现在想起来，我小时候有一个行为就是明显的完美敏感期行为。

小时候，冬天特别冷，也没有暖气，晚上睡觉要盖两床被子。有时候钻进被窝了，我发现上面那床被子四个角没有抻平，就会让妈妈必须把它抻平。如果妈妈不在，我会穿着秋衣秋裤冒着寒冷从被窝里出来，把被子的四个角全部抻得平平整整，才能安然入睡。

现在想来，真是一个好奇怪的行为。被子的四个角没有被抻平，也不影响睡觉呀。但是，对处于完美敏感期的孩子来说，影响心情呀。我还见识过另外一个超级完美敏感期的行为。

有一次到一个亲戚家去做客，谁知那天他家刚好去了一个朋友。那位朋友家4岁的小男孩想上厕所，他的妈妈就带着他上厕所，结果孩子在厕所门口大哭起来，说什么都不上，原因是这个厕所不漂亮、不干净。亲戚家是老房子，厕所是蹲坑，且时间长了，不是那么洁净。于是，小男孩哭了很久，明明急着上厕所，却忍了好久，一直等回到自己家才上厕所。

完美敏感期一来，孩子的行为有时真的让大人有些头疼。但就像其他敏感期一样，孩子的完美敏感期也是阶段性行为。就像我，不知道从什么时候起就不再要求被子的四个角必须要抻平了。所以，对待孩子的完美敏感期行为，总的态度还是要顺应和满足。

满足孩子的完美敏感期行为

小时候妈妈总是主动为我抻平被子的四个角，有时候忘了也会催促爸爸："快把被子的角整好，要不然你闺女就要穿着秋衣秋裤从被窝里爬出来去整被子喽！"他们面对我的完美敏感期行为没有否定、阻止，而是主动去满足。虽然他们也不

02 敏感期行为：儿童心智快速发展的时期

知道这是敏感期行为，但是包容了我的行为，让我顺利地度过了这个时期。但有些父母会因为这个问题跟孩子较劲儿："干吗非要大的苹果，不能给你，不能让你浪费。"或者有时候让孩子保证："你保证能吃完我就给你。"孩子为了得到苹果，只有保证能吃完，结果最后吃不完挨训："你不是说你能吃完吗？就不能惯着你。"实际上这不是惯着孩子，而只是满足了孩子成长过程中的需要。

有时候孩子的敏感期行为特别像"熊行为"，也会影响到别人。例如，不愿上厕所的那个小朋友，在外人面前哭闹，确实很让父母没面子。这个时候，我们可以安抚孩子的情绪，和孩子商量怎么解决。如是不是特别着急上厕所，不太着急就等回家再上，或者到外面找个比较干净的厕所。但不要跟孩子硬来，让他必须听你的。因为孩子处于某个敏感期时，一般都会比较执拗。

如果其他人阻止你满足孩子的完美敏感期需求，如老人，他们觉得给孩子大的食物会造成浪费，因而不允许你这么做，这个时候我们就应该先向老人解释这么做的原因，其次说明，孩子吃不完的东西，我们会吃掉，那么老人就很有可能允许我们这么做。

向孩子解释满足不了他完美要求的原因

有时候，家里只剩半个苹果了，确实满足不了孩子的完美要求。怎么办？可以向孩子解释原因："只剩这半个苹果了，你是吃这半个，还是等一等，等我们去超市买回新的苹果再

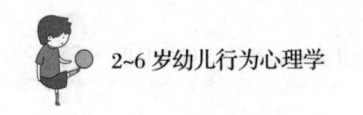

吃。"让孩子自己来选择，不管他是选择现在的半个，还是选择等一等，至少可以让他不产生那么大的负面情绪。

幼儿时期的完美（审美）敏感期是为成年后的审美做准备，童年时很好地度过完美敏感期，长大后才能接受另一种更高境界的美：美好的事物不一定是大的、完整的，残缺也可以是一种美，如断臂的维纳斯。但是，孩子们只有先认识到完整的美，秩序的美，心中有对完美的追求，待成年后才能欣赏残缺的美。即对一个事物的认识是从A到B再到C，如果A都没有度过，如何到C呢？

另外，一定的完美要求，对生活和工作都有益。就像我自己对工作就有一定的"完美强迫症"，总是一遍一遍地修改、完善，虽然达不到别人眼中的最好，但起码在自己的能力范围内做到最好。这大概也是因为从小我对完美的追求没有被破坏掉。

在完美敏感期内，有些幼儿的表现会显得特别执拗，让父母心烦、头疼，但我们要认识到，只有现在满足了他们的执拗，将来他们才有可能不执拗。对其他的行为以及背后的心理需求也一样，只有被充分满足过，才会不再刻意追求。

孩子心中有对完美的执着追求以及审美意识，就不能接受干净的地面上突兀地躺着一个塑料袋，绿油油的草坪上散落着瓜子壳、香蕉皮……那么，就算没有看到"垃圾不落地，城市更美丽"的宣传语，他们也会主动保护环境。所以，保护孩子对美的追求，也是保护孩子内心的道德感，同时也培养了他们的审美意识和审美能力。

03 "自我"行为：

全能自恋感的满足和破坏

　　幼儿为什么那么容易哭闹，那么"自私"，那么渴望被关注？了解了全能自恋感，这些问题就会迎刃而解。其实，这都是幼儿为了维护自己的全能自恋感和"自我"这种感觉。幼儿只有先自私，先自我，之后才能走出自私，走出自我，变得愿意分享。没有天然无私的孩子，也没有永远自私的孩子。只要他们合理的需求能得到充分满足，他们就会渐渐变得"懂事"。

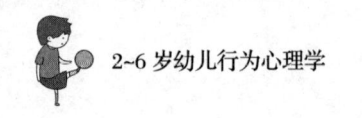

哭闹：需求未满足1

孩子哭闹不可怕，可怕的是哭闹到要自残。在一个教育节目中，一个小男孩的表现让我见识了什么是哭闹。

这个小男孩一天之内哭闹多次：大声地号啕大哭，抱住妈妈的腿不撒手，躺在地上打滚，不断站起又重重摔坐在地上……这还不算什么，最让人触目惊心、目瞪口呆的是，他竟然哭到用头撞栏杆！

究竟是什么事让这个小男孩如此伤心，如此生气？

原来是妈妈不给小男孩买零食、买玩具，不让他吃点心……总之，就是各种不满足。这让小男孩的情绪一次又一次崩溃！

为什么小男孩一不被满足就情绪崩溃？让我们从生命的最初说起。

婴儿刚出生时，是带着一种感觉来到这个世界上的，叫"全能自恋感"，即"我的所有需求和意愿都会无条件被满足"。无疑，这种心理一定会受挫！因为无论父母如何宠爱自己的孩子，也不大可能做到百分之百地无条件满足孩子的需求。

而当他们的需求或意愿得不到满足的时候，全能自恋感就遭到了破坏，这时，无助、委屈、愤怒等情绪就充斥了他们的内心，哭闹行为正是这种情绪的外在表现形式。所以，哭闹行

03 "自我"行为：全能自恋感的满足和破坏

为产生的原因是——需求或意愿未满足，或者说是"全能自恋感"遭到了破坏。

所以，每次小男孩的需求得不到满足的时候，他就会哭闹。多次得不到满足，哭闹就会升级。最后，竟然发展到用头撞栏杆！这说明，他内心的负面情绪累积到了极点！

那么，我们该如何解决这种哭闹行为？按照"全能自恋感"原理，似乎只有百分之百地无条件满足他们的需求，才能从根本上解决这个问题。这显然和现实是有矛盾的。不但父母无法百分之百地满足他们的需求，和社会接触后，社会和他人更是不可能满足他们的所有要求。那么幼儿的哭闹行为该如何解决呢？

0～1岁的孩子，要无条件满足他们的需求

既然全能自恋感在婴儿出生时就已经产生，那么解决孩子的哭闹问题就得从婴儿时期开始。0～1岁是婴幼儿全能自恋感发展的顶峰时期。这个时期，他们没有能力分辨什么是合理的需求，什么是不合理的需求，而是自恋地认为：我的一切需求都是合理的，父母都应该满足。这个时期，他们不懂得等待或延迟满足，而是想当然地认为：我要什么，就会立刻得到。

他们这种意愿往往会和现实产生强烈的落差。例如，婴儿这一秒饿了，下一秒就要喝到奶。可冲奶也要花时间，但婴儿不懂，而是主观地认为：妈妈为什么没有立刻满足我喝奶的需求。他更不明白，大人为什么不让他抓饭菜，为什么不让他撕

035

卫生纸。这个时期的他,对现实几乎毫无认知,大脑完全被"全能自恋感"支配,而需求一旦不被满足,就会立刻情绪崩溃。

所以我们会看到,婴儿的哭闹就像水龙头一样,说开就开,完全不需要启动时间。要想让这个水龙头关上,或者不常打开,唯一的办法就是——无条件地甚至是百分之百地满足他们的需求。

这样做是基于三点原因:第一,他们对现实毫无认知,不懂得迁就现实,所以我们唯有迁就他们,才能让他们停止哭闹。第二,这个时期他们的需求非常简单,无非是吃喝拉撒睡玩,几乎所有的父母都能满足。既然这样,为什么不满足他们呢?第三,唯有在这个时期很好地满足他们的全能自恋感,才有利于他们形成完整的自我和自信的人格,那么以后他们才有能力承受不被满足的时刻。

错误的做法是和孩子的欲望对着干,刻意训练孩子。例如,孩子想吃的时候不让他吃,想睡的时候不让他睡,哭的时候不抱他,美其名曰是为了"训练"孩子形成良好的生活习惯,不能"惯"孩子。殊不知,这个时期怎么满足孩子都不算"惯",这个时期孩子的所有需求都可以被认为是"合理"的。

如果这个时期多次不满足会使婴儿的全能自恋感受到重创,在成长的过程中甚至长大成人后,一遇到不被满足的时候,就很容易陷入敏感脆弱、易怒、哭闹等情绪,造成极度渴望物质等后果。我们可以想象，那个用头撞栏杆的小男孩一定是在婴儿时期就没有被好好地被满足过。

所以，0~1岁的孩子，父母要无条件地百分之百满足他们的需求。这不仅是这个时期最好的应对方法，也是为孩子一生的心理健康做准备。

1~3岁的孩子，要尽量满足他们的需求

当然，永远百分之百地满足他们的需求也不可能。所幸，随着婴儿慢慢长大，他们渐渐明白了这个道理：原来，这个世界并不是围着我转的，并不是我所有的需求和意愿都会被满足。

但是这个时期，他们的这种认知又不清晰，模模糊糊地觉得全能自恋感是不合理的，同时又无法承受不被满足。这个时候怎么办呢？就要一边满足，一边讲道理。

例如，孩子扁桃体发炎，医生建议不能再吃膨化食品，孩子也表示听医生的话。可当妈妈把薯片、虾条收起来的时候，孩子又接受不了，开始哭闹起来。这个时候父母可以这样跟孩子沟通："吃太多你会生病，但不让你吃你又不开心，这样吧，每天吃两片好不好？这样，你既可以吃到薯片，又不会加重病情。"这时，孩子是有可能接受父母的建议的。

这个做法就是尽量去满足孩子的需求，同时又要向他传达这个需求是不合理的，这样做不但可以在当下制止孩子的哭闹行为，长远来说，也可以帮助孩子渐渐消除掉全能自恋感。

但要注意，如果孩子的需求是合理的，父母也能满足，就

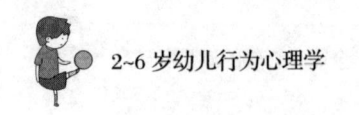

要大方爽快地满足，不要为难孩子。

3岁以上的孩子，要告诉他们不能满足的原因

经过前面两个阶段，孩子的全能自恋感已经没那么强烈了。而被充分满足过，孩子也形成了较为自信的性格内核，这时就相对能够承受不被满足的时候了。那么这时父母就可以大胆拒绝他的一些不合理的需求。这一点我深有体会。

我5岁的小侄女在大家庭中长大，从小家人就对她特别关爱，基本上是要什么就给什么。有一次让我给她买橡皮泥，我拒绝了："已经买过好几次了，是不是买得太多了呢？你想想。"她想了一会儿，点点头说："好吧。"虽然她也会失落，但并不会因此产生太强烈的负面情绪，更不会因此而哭闹。

因为此时她的内心会有两个认知：第一，我这个需求是不太合理的。第二，这次不被满足不代表什么，下次只要我的需求是合理的，就会被满足，因为以前我的很多需求都被满足了。

因为被充分满足过，所以内心没有"得不到"的恐惧，所以不会用极端的方式——哭闹去威胁大人、索取她想要的东西。

这个事例也纠正了我们的一个错误认知：过多地满足会让孩子对物质形成贪念。其实正相反，是过少地满足才会使孩子对物质形成贪念。而且，如何定义"过多"？婴儿时期怎么满足都不算过多，3岁以后胡乱满足一个不合理需求就算过多。

所以，对3岁以上的孩子，当不能满足他们的时候，可以直接拒绝，但一定要告诉他具体的原因，要让孩子在这个过程中去分辨什么是合理的需求，什么是不合理的需求。

总结来说，就是当孩子很小的时候，不要跟他讲道理，无条件满足就好；当孩子大一点的时候，试着跟他讲道理，不要一味满足。这样，才是避免哭闹最有效的办法。

经过这三个阶段，孩子会渐渐打破（主动打破）内心的"全能自恋感"，他逐渐明白，人活在这个世界上，总有一些需求是无法得到满足的，这是客观现实，哭闹并不能改变这个事实，接受才是正确的做法。这就是我们常说的"孩子长大了、懂事了"。我们也可以看到，有些成人在面对他人的拒绝时，依然无法承受、会哭闹，就是因为在童年时自己的全能自恋感没有得到很好的解决。

哭闹：需求未满足2

网络上流传着这样一个视频。

一家超市里，一个5岁的小女孩骑在一辆儿童单车上号啕大哭，哭声持续了十多分钟，引得路人侧目，但她的家人却不见踪影。超市的工作人员只好用广播寻找她的家人，不久她的爸爸来了。但这位爸爸并没有去安慰已经哭了十多分钟的女儿，而是生气地向他人抱怨："她骑单车撞了人，我们让她道歉，

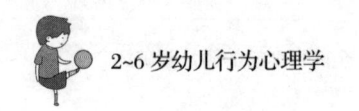

她不道歉。姐姐就拧了一下她的脸蛋，她就开始大哭。都不要管她，让她一个人冷静冷静。"

小女孩为什么不道歉呢？这件事让我想起我童年时的一次经历，恰好也是骑单车。

那时我刚学会骑自行车。有一天正在操场上练习，迎面走过来一个人，手中提着一个水壶。看见她过来，老远我就开始紧张，心里想："千万别撞上她，别撞上她……"然后，砰的一声，我的车轮就撞上了她手里的水壶，玻璃胆顿时碎了一地。当时我就懵了，愣在那里不知所措，心里难受极了，却一句话也说不出来，也不敢走。好在人家没有为难我，后来妈妈替我向人家道了歉，并赔给对方一个水壶。

人在做错事情之后，心里的最大感受是什么呢？是压力、自责，同时又害怕被他人指责，不知道该如何善后，这些情绪形成的压力使我们没有力量立刻向对方道歉。如果这个时候外界再向自己施压，特别是亲近的人指责自己，自己的情绪就很容易升级，并对外界充满敌意。成人会用吵架释放敌意，小孩会用哭闹释放敌意。

在上面这个事件中，父母最错误的做法是在孩子哭闹时，爸爸抛下她置之不理长达十几分钟。这会给小女孩带来怎样的伤害呢？心理学家李雪分析道："当孩子哭泣时，没有回应，是把孩子置于地狱般的煎熬中，极大地破坏孩子的全能自恋感。"父母们都有这个经验，越是不理孩子，孩子越是哭得

03 "自我"行为：全能自恋感的满足和破坏

声嘶力竭。这种声嘶力竭其实是一种呼唤，呼唤父母"快来关注我、安慰我，我很痛苦"。可是，有些父母接收不到孩子这种讯号，依然不理孩子，还美其名曰让孩子"冷静冷静"。是的，有时孩子是"冷静"下来了，不哭闹了，但这代表他的负面情绪消失了吗？并不是，而是他对父母回应自己感到绝望了。

哭泣是一种呼唤，代表孩子想要与你产生情感链接。

不哭是一种绝望，代表孩子关闭了那扇情感链接的大门。

与孩子站在同一个立场，给孩子安全感

孩子做错了事情之后，内心是脆弱的、没有安全感的。这个时候，父母要做的是为孩子的内心输入安全感，让他有力量去承担责任。如何给孩子安全感呢？跟孩子站在同一个立场。这个立场是基于爱，而不是对错。我们可以对孩子说："没事儿，超市里人多，难免碰到人，道个歉就没事儿了。"如果孩子不愿意道歉，父母可以替孩子向对方道歉。

这么做会让孩子感觉到，父母始终是和自己站在一起的，哪怕自己做错了，父母仍然爱自己。而在态度、语言和行为上，父母都是在给孩子释放压力。这使孩子有力量去道歉。就算这次没有道歉，下次也有可能道歉。这样做，就不可能把孩子逼迫到哭泣的边缘。

但如果我们没有处理好，孩子还是哭了，并且像案例中那个小女孩一样大哭不止，我们该怎么办呢？

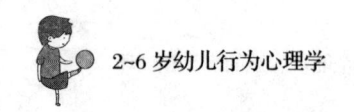

用拥抱与孩子共情，给孩子温暖

我曾经看到过这么一则小故事：

一个流浪汉在地铁里歇斯底里，周围人都不敢接近他。这时，一个心理医生冲上前去紧紧抱住了他。开始，流浪汉不停地挣扎，但心理医生并没松手，也不说话，只是紧紧地抱着他；渐渐地，流浪汉开始安静下来，并缓缓用手也抱住了心理医生。

这个时候，呵斥、暴力，可能都无法让流浪汉安静下来，拥抱却可以。为什么呢？因为拥抱代表心理医生看到了流浪汉的脆弱，并愿意去接纳和抚慰他的脆弱，这种温暖软化了流浪汉内心的"剑拔弩张"，于是他就安静了下来。

所以，当孩子大哭不止时，最好的方法是紧紧拥抱孩子，静静地陪着他，哪怕不说一句话，孩子也会渐渐安静下来。最错误的做法是冷漠对待、置之不理，让孩子在被抛弃的感觉中煎熬。

网上有一个网友这么说："小外甥女出去逛街都是坐推车，从出生起父母就对她进行延迟满足训练，幼儿期对待孩子也是情感冷漠，非常教条，孩子1岁多就开始变得孤僻，3岁多越来越严重。"

教会孩子用语言理性表达情绪

哭闹是孩子表达情绪或诉求的一种方式，但显然不是一个好的方式。好的方式是什么呢？是用语言来表达。但因为孩子年龄小，还没学会这种方式，所以就只能用哭闹来表达。我们

可以把正确的方式教给他。例如，"我想要那个玩具，说好几次了妈妈都不给我买，我心里很难过，特别特别难过，妈妈能满足我这一次吗？"

  人在表达时，需要调动大脑、整理语言、思维和逻辑，当孩子的大脑忙于这些工作时，自然就没有多余的空间用来哭闹了。另外，一旦孩子把感受表达出来，情绪就得到了某种程度的缓解，哭闹的意愿就降低了很多。尤其是当父母知道了他的感受，尝试着去满足他或与他共情时，孩子的情绪可能就完全消失了。所以，教会孩子用语言理性表达情绪和诉求，也是避免孩子哭闹的方法之一。

  前两种方式都是在顺从孩子的意愿，充分体恤孩子的感受，这依然是在满足孩子的全能自恋感。因为全能自恋感的消失需要一个过程，并且是建立在先得到满足的基础上，所以对孩子的成长要有耐心，不强迫孩子必须、立刻能做到什么。只有让孩子的内心有充分的安全感，他才有力量去做这个社会要求他做的事情。

  通过从不同的年龄段、不同程度地去满足孩子的需求以及以上这三种方式，就很有可能培养出一个自信、有安全感、情绪稳定、懂得表达自我的孩子，这样的孩子，怎么可能经常哭闹呢？

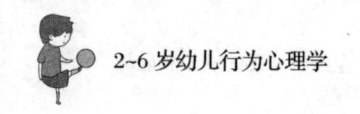

这是我的：自我中心化

2岁以后，许多孩子出现了这样的"口头禅"："这是我的！""那是我的！"

有一次在一个朋友家里，几个小孩在玩，这句话此起彼伏。小朋友们抢来抢去，纷纷说这是"我的"、那是"我的"，不许别人拿自己的东西。哪怕是自己暂时不玩、不碰的东西，也不允许别人拿。别人一拿，就立刻抢过来，大吼："我的！"然后让妈妈赶快收起来。妈妈说："不能这么自私，要懂得分享哦。""不！这是我的！"

为什么他们会如此强调"我的"？

2岁时，幼儿的全能自恋感还很顽固，他们的一切行为依然是听从全能自恋感的指引——我是宇宙的中心，这个世界是围绕着我转的，我的所有需求和意愿都会无条件被满足。所以他们想当然地认为——我的东西是我的，别人的东西也是我的。这时，他们不但不允许别人拿自己的东西，同时，他们还要抢别人的东西。

全能自恋感的满足是幼儿形成自我的基础。那么，自我意识的形成具体是怎么开始的？在孙瑞雪编著的《捕捉儿童敏感期》一书中有这样一段话："最初儿童是通过占有属于自己的东西来区分自己和他人的。当儿童占有了属于自己的东西时，才感觉到'我'的存在。他们的目的不仅仅是获得'物'，更

03 "自我"行为：全能自恋感的满足和破坏

是获得占有物背后的意义。"不过，幼儿对究竟什么才是属于自己的东西，并没有清晰的认知。他们只是简单地认为：我是中心，我是一切，什么都是我的，什么都要按我的意愿来。所以他们认为这世界上的一切东西都是他的，只要他想要就必须得到。

这种心理叫作"自我中心化"。这种意识从2岁开始就清晰起来。瑞士认知心理学家皮亚杰认为，0~6岁的儿童都是以自我为中心的。这个时期，他们占有的欲望特别强烈，占有的行为特别明显，所以这个时期，要让幼儿做到分享是不大可能的，要让幼儿绝对不抢别人的东西也是不大可能的。幼儿的这种行为，并不是通常我们认为的自私和霸道。

那么父母做些什么，能引导他们顺利地度过这个时期呢？

不要勉强孩子分享

5岁之前的孩子，更需要构建的是自我的意识，这个时候，他们不具备分享的意愿和能力。但成人常常引导甚至强迫他们分享，如果他们拒绝，就会给他们贴上"自私"的标签。

在一个非常有影响力的亲子节目中，节目方分给几个孩子几个鸡蛋，有的孩子有，有的孩子没有，然后看孩子怎么做。愿意把鸡蛋分享给别的小朋友的孩子，得到了大人们的赞许和掌声；而没有分享的孩子，则遭到了父母的不满和教育。

其实这是故意为难孩子，这些孩子中间，6岁以上的很少，大部分都不具备分享的能力，用这个试验去考验孩子，纯粹是

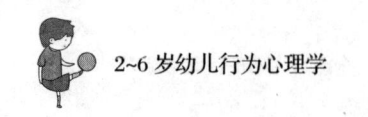

站在大人的角度去看待孩子。幼儿正常的行为遭到了批评，不正常的行为（其实是在大人的暗示下分享的）遭到了表扬，这会让孩子的认知出现混乱。

总是引导甚至强迫幼儿分享，还会给孩子造成其他困扰：

一个小男孩大哭："我都分享给他了，他为什么不愿意分享给我！"

有的孩子学会了大人这一招，以分享的名义强迫别人交换："我把我的玩具跟你分享，你也应该把你的玩具跟我分享。"如果对方拒绝，他们则会说："小气，自私。"

有的孩子还会因此出现打人、抢夺行为，他们的理由是：既然我必须分享给你，你也必须分享给我，不然就是你不对。

总之，在这个阶段，他们很难弄懂分享的含义：分享是自愿的，自己分享给别人，不代表别人就一定要分享给自己。因为这跟他们现有的自我意识相矛盾。只有先满足他们的自我意识，幼儿才能渐渐走出自我，关注别人，进而懂得分享。这通常要到幼儿五六岁以后。所以对于分享，父母要顺其自然。可能是某天不经意的一次分享，也许是自己分享给别人，也许是别人分享给自己，就让孩子体会到了分享的乐趣，从而学会分享。

用同理心来引导孩子的抢夺行为

对正处于自我中心化的幼儿来说，他们有一个相当霸道的逻辑：我的东西是我的，别人的东西也是我的，只要我想要的

东西都是我的。因此，他们会去抢夺别人的东西。他们并不懂得这个行为损害了别人的利益，反倒觉得别人的东西不给他是损害了他的利益。

对于这种情况，父母可以这样处理："如果你可以抢别人的东西，那么别人也可以抢你的东西。你能允许别人抢你的东西吗……如果不能，那别人也不会同意你抢他的东西。所以，别人不可以抢你的东西，你也不可以抢别人的东西。"

或者引导他们共情："别人抢你的东西的时候，你难过吗？那你抢别人的东西，别人也会难过。"

其实就是引导孩子树立起清晰的自我意识和边界意识，那么孩子就不会轻易地去侵犯别人的边界。

用清晰理智的表达来维护自我

有时，幼儿在维护自我意志和自己的东西时，会出现打人的行为。但这时候的打人并不具备明显的攻击性，只是为了维护自己的利益。这个时候，可以引导孩子尝试用表达来代替打人："这是我的东西，你不能拿。就像你的东西，我也不能拿一样。如果你一定要拿，我会告诉老师（爸爸妈妈）。"甚至可以说："可能我会打人哦。"

这其实是让孩子把清晰的自我意识和边界意识传递给其他的孩子。

自我不等于自私，一个童年时自我意识没有被满足的人，成年后更有可能真正自我甚至自私。而那些不自私的孩子，并

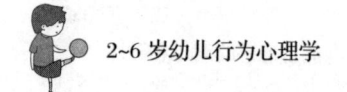

不是天生就具备分享和付出的美德，而是他们已经度过了自我阶段，走出了自我，有余力去关注别人的需要。

人来疯、插话：索取关注

幼儿的这类行为不少父母都见识过吧。

插嘴、人来疯行为1.0版：插嘴。

家里来了客人，你与客人聊得正欢，这时，孩子来捣乱了："妈妈，你看看我这个玩具怎么了，是不是坏了？"妈妈一看，玩具并没有坏。"妈妈，你给我讲讲这本故事书吧？""儿子，这个是睡前故事，晚上再讲。""妈妈我也要坐沙发。"一边说一边拼命挤进你和客人的中间。"妈妈，你们说这个事儿我知道……"然后开始滔滔不绝起来。

插嘴、人来疯行为2.0版：乱跑、乱扔东西、情绪兴奋。

你让他们安静一会儿，先到一边玩，他们通常不会配合，并且开始在房间里面跑来跑去，一边跑一边把家里的娃娃、沙发垫子扔来扔去。这时，如果客人夸他们一句可爱或者你训斥他们几句，他们的情绪会更加兴奋，行为会更加疯狂。

插嘴、人来疯行为3.0版：故意破坏。

你忍无可忍，一把把他拉进卧室，关上门："待在里面，不许出来！"好吧，没过一会儿，你就会听到卧室里"啪"的

03 "自我"行为：全能自恋感的满足和破坏

一声，不是你的化妆品被打碎了，就是你心爱的什么东西被弄到了地上。再一看孩子的表情，不但不害怕，还有一股挑衅的意味。

家里来了客人，尤其是客人多的时候，孩子特别喜欢插嘴并且行为疯狂，甚至故意搞破坏，一般的理解是孩子爱表现。但是，平常特别安静、乖巧的孩子也会在这种情况下变得性情乖戾起来，这是为什么呢？"这孩子平常不这样啊？"通常，你会发出这样的疑问。

这仍然和"全能自恋感"有关。幼儿时期，尤其是3岁以前，父母或者抚养人基本24小时都和孩子在一起，时时刻刻关注着孩子，这让孩子的全能自恋感得到了极大的满足。可有一天，家里来了一个人，父母的注意力突然转移到他身上去了，不但端茶倒水、热情招待，还全程陪伴聊天，这让孩子的全能自恋感受到了打击：妈妈对一个陌生人竟然比对我还好？妈妈竟然关注（或陪伴）一个陌生人不关注（或陪伴）我？为了唤回妈妈对自己的关注，修补自己的全能自恋感，孩子开始用一些反常的行为吸引妈妈的注意，如插嘴、乱扔东西、故意搞破坏等。

我们不能把孩子的这种行为简单地归因为孩子爱表现，爱表现的原因仍然是全能自恋感：我才是宇宙的中心，不但妈妈要关注我，客人也要关注我，你们怎么可以只顾聊天不理我？

面对这种情况，父母如何更好地处理呢？

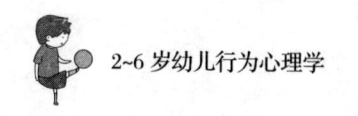

平时要有意识地为孩子创造独自玩耍的机会

对于2～6岁的幼儿,我们当然要做到多陪伴,但并不是说要时时刻刻都和孩子黏在一起,也要时不时地为孩子创造一些独自玩耍的机会。陪伴孩子是为了满足孩子的全能自恋感,而给孩子独自玩耍的空间是让孩子明白,妈妈再爱他,和他也是独立的两个人,有时候,妈妈也有自己的事情做,而这时候,他必须独自待一会儿。而当孩子独自玩耍的时候,妈妈不要去打扰孩子,让孩子能够独立玩耍的时间越长越好。

但这时一定要跟孩子说清楚,不是妈妈不陪你玩儿,而是这一会儿妈妈有自己的事情要忙。等妈妈忙完了自己的事情,会马上来陪你。如果平时妈妈对孩子有足够的陪伴,这时又能告诉孩子不陪伴的理由,那么孩子是很有可能接受妈妈暂时的不陪伴的。

如果孩子平时就有独自玩耍的经验,那么当有一天家里来了客人,爸爸妈妈不能陪伴他,让他独自玩一会儿,他是不是就比较容易接受呢?

这样做也是让孩子渐渐摆脱掉全能自恋感:妈妈虽然很爱我,但并不是时时刻刻都围绕着我转的,有时候,她也会不关注我,这时候,我必须学会独自待着。

满足孩子的全能自恋感固然重要,但是,让孩子学会独处也很重要,毕竟,孩子是一个独立的人。

给孩子在客人面前表现的机会

有些孩子,不仅需要家人的关注,同时还需要这世界上所有人的关注,这样才能满足他们内心强烈的全能自恋感:我是宇宙的中心,所有的人都应该关注我。对于这样的孩子,父母不如直接给他们在客人面前表现的机会,让他们在客人面前唱个歌、跳个舞什么的,然后顺便夸奖他们几句,满足他们想炫耀的心理。等他炫耀完了,再说:"阿姨知道你很棒了,现在妈妈想和阿姨说几句话,你可不可以先自己玩一会儿呢?"这时,孩子也会比较容易接受。

也可以让孩子坐在大人的旁边

如果孩子就是不愿意独自去玩儿或者太闹腾,不要轻易地训斥孩子,更不要把孩子关到另外一个房间里去,因为这样与孩子哭闹时对孩子置之不理是一样的,对孩子都是一种精神惩罚,会引起孩子的逆反行为,如故意搞破坏。这时不妨就让孩子坐在大人的身边,甚至可以抱着孩子,但要跟孩子说清楚:"妈妈跟阿姨说会儿话,你静静地听,不要插嘴也不要闹好吗?"这比把孩子赶到一边去玩儿效果要好。而且会让孩子感觉到:虽然妈妈在和别人说话,但她还是重视我的。这不会损伤孩子的全能自恋感,那么孩子也就不大会闹腾。

总之,这时的原则仍然是尽量去满足孩子的要求,但不能满足的,要告诉孩子原因。让孩子学会配合大人,这是孩子渐渐走出全能自恋感的有效方法。

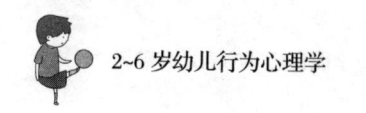

无视规则：孩子未走出全能自恋感

没有规则世界将陷入混乱，有了规则人必然要承受被规则约束的不自由、不舒服甚至痛苦。

3岁前的婴幼儿是没有什么规则感的，这个时期周围的一切几乎都是围绕着他们转，全能自恋感使得他们认为自己是可以为所欲为的。但3岁以后，这种观念就被打破了。上了幼儿园之后，他们发现，要听老师的话，要和小朋友和谐相处，要什么时间做什么事……规则很多，他们不适应、不舒服甚至痛苦，这也是很多孩子在幼儿园门前号啕大哭、不想上幼儿园的原因之一。

面对规则，不同的幼儿有不同的情绪和行为反应，就以上幼儿园来举例，大致可以分为这几类：

逆来顺受型：觉得被规则束缚不舒服，但能够忍受。在幼儿园里大部分时候能够遵守规则，听老师的安排，和小朋友和谐相处。

不甘束缚型：不愿受规则的约束，采取各种方式逃避。例如，从家里哭到幼儿园，不愿去；但真的到了幼儿园，也能遵守一些规则。

公然无视型：不怕上幼儿园，也无所谓规则的约束，会出现很多违反规则的行为。因为他们心中根本就没有规则意识，虽然生活在一个有规则的集体里，但规则对他们来说好像不存在。

03 "自我"行为：全能自恋感的满足和破坏

这种无视规则的小孩我见过一二：

亲戚家有个小孩，第一天上幼儿园，不像别的小朋友那样哭闹，而是高高兴兴地去了。妈妈以为，他在幼儿园应该表现不错，在接孩子时问老师孩子表现怎么样，老师叹了一口气说："最不守规矩的就是他。没有一刻坐得住，想干吗就干吗，说出去就要出去。不过今天是上幼儿园第一天，看看以后怎么样吧。"结果幼儿园上了三年，还是这样。六一儿童节表演节目，大家都规规矩矩地排队，唯有他，整个节目时间都不在队伍里面。上了小学以后，他的规则意识依然不好，班级纪律、老师制定的规则对他好像没有任何约束力。有些事情不按照他的意志来，他就会哭闹或跟同学发生矛盾。

其实5～6岁时，幼儿的规则意识已经逐步形成。像这位小朋友上了小学之后，规则意识还没有建立起来，是因为全能自恋感没有解决好。前文说过，从3岁开始，对幼儿的要求就应该是有所满足，有所不满足，不满足时要向他们解释清楚原因，这样他们才能走出全能自恋，树立起这个世界不会完全按照自己的意志运转的意识，自己也要对外界做出妥协。但我知道亲戚家这个小孩，从小是在爸爸妈妈、爷爷奶奶的高关注度下长大的，一有需要身边人立刻满足，从来就不需要做出妥协，也从来就不懂得要迁就外界。这就导致了他根本就不懂得倾听外界的声音，更不懂得配合他人的要求，不懂得要改变自己去适应外界的规则。

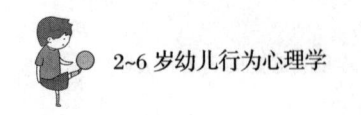

而一个很好地解决了全能自恋的孩子则能够较好地接受规则，不觉得遵守规则是特别不舒服的事情，他们能够在较短的时间内适应环境。

这个小孩是全能自恋被过度满足，那么全能自恋没有被好好满足过孩子会有什么样的表现呢？

我有一个朋友的儿子上初中，被寄宿学校开除了，原因是经常带非本校的孩子到学校玩，把流浪猫带到教室并抓伤了同学的手，实在是太胆大包天了，这都是学校明令禁止的事情。之前，他就因违反公立学校的纪律被学校开除，妈妈把他转到了私立学校。现在私立学校也容不下他了。

在他眼里，好像从不把规则当回事儿，在做一些离谱的事情时好像从来就没考虑过这是学校不允许的，或者考虑过却并不在意。在家里也是这样，几点吃饭、几点睡觉从来都是我行我素，没有想过这些需要养成习惯、和别人同步。在他看来，他做的任何事情都和别人没关系，所以从来不需要考虑别人的感受。

你很难理解这是一个15岁孩子的行为，没有自己的生活习惯，到任何一个环境都违反那个环境的规则。这是为什么呢？15岁了难道还不明白，这个世界不是围绕着他转的，任何地方都有任何地方的规则？

他是真的不明白。和上面那位小朋友完全相反，他从小受的关注太少。爸爸在外打工，母亲一个人照顾他还要兼顾工作，没有时间和精力给他太多的关注，家庭经济条件也不是那

么好，这使他在物质和精神上都未被充分满足过，因此没有形成一个健康、完整的自我。同样，一个破碎的自我也是没有能力去倾听外界的声音、考虑别人的感受的。他现在的一切行为的出发点仍然是在满足自己的全能自恋感，虽然年龄已经是少年，但心智其实还停留在幼儿阶段。所以15岁的他依然有这样的潜意识：这个世界就是围绕着我转的，规则是什么东西。

对没有走出全能自恋感的儿童来说，他的要求、感受、意愿是第一位的，而真正的规则对他来说则是不重要的。有些两三岁的幼儿到了超市，拿起东西就吃，当你向他解释这不是家里的东西，必须付了钱才能吃，他可能也不会那么合作。

所以刚到幼儿园的孩子会非常地不适应，在家里，父母会迁就他们的意愿，没有那么多规则。但到了集体中，凡事不会再按照他的意愿，需要他迁就环境，适应规则。如果孩子的全能自恋感在幼儿期不能得到很好的解决，到了少年甚至到成年，他们的行为就会和环境发生冲突。

解决好孩子的全能自恋感问题

什么是很好地解决全能自恋感？即在0~3岁时期，要竭尽所能满足孩子的需求，使他形成较为健康和完整的人格基础。在这个基础上，孩子才有心理能量承受拒绝、关注外部世界、建立规则意识等。如果限于客观条件，无法很好地满足孩子的物质要求，那么在精神上也要最大限度地满足他。3岁以后，就要向他传达：爸爸妈妈可以竭尽所能满足你的要求，但别人不

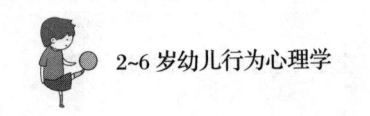

一定会，环境不一定会。外界不但不会满足你，你还要满足外界的一些要求，这叫规则。

带他接触一些环境中无形和有形的规则

哪里都有规则，有些是无形的，如小区里玩滑梯，就要轮流来；到超市里买东西结账，就要排队。这些规则没有明确地写出来，也没有人来告诉我们，但它是存在的。还有一些有形的规则，走在路上有交通规则，去银行办理业务也有规则，到了幼儿园要遵守老师制定的规则。告诉孩子，我们必须遵守这些规则，我们的意愿和别人的意愿才都能得到满足。带孩子去接触这些规则，并适当地让他们受挫，他们就会发现，这些地方和家里是不一样的，不是我想怎样就怎样的，被拒绝、受限制都是有可能发生的。

通过这样的过程，让孩子渐渐从自我的全能自恋感中走出来，走到现实世界中去。让孩子渐渐明白：我如果想要更好地生活，就必须接受现实世界的一些规则，而不是让这个世界接受我的一切。

全能自恋感无所谓好坏，它只是一个客观的存在。它就像人身上的胎毛，我们既要小心呵护它的存在，又要让它自然地褪去，然后长出新的更适应人类社会的毛发。呵护孩子的全能自恋感要有连贯性，不能在婴儿期百般呵护，到了大一点就认为孩子应该懂事了，经常拒绝他们；也不能在婴儿期不呵护，认为他们还小不懂事，冷落一下没关系，而到了大一点又百依百顺。这两种情况都会造成孩子的内心分裂。

解决好孩子的全能自恋感,他可以自然而然地适应规则,那么他上幼儿园一定是开开心心的:能够心甘情愿地遵守规则,没有太多不适感,能够和小朋友和谐相处。

04 叛逆和攻击行为：

无处安放的心理能量

  幼儿的叛逆和攻击总会让父母不胜惶恐：他们为什么对世界充满"敌意"？其实，这不是敌意，这是活力。

  幼儿想要探索，想要维护自我的意志，想要呼唤爱，想要表达诉求，想要反抗被控制，但是，他们不知道合理的方式是什么，因此，表现出来的就是叛逆和攻击。叛逆和攻击代表着孩子的活力没有被压制，天性没有被驯服，他们很健康。

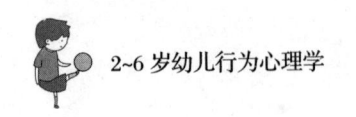

逆反：获得独自探索的自主感

2岁之后，儿童发展的第一个逆反期到来，在3～4岁时最为显著。这个时期的孩子会有一些经典的逆反行为：

行为1：说"不"："喝点水吧。""不喝。""咱们去刷牙吧。""不刷。""咱们去楼下玩会吧？""不去。"

行为2：掺和大人的事：大人在扫地，他也要扫地；大人在包饺子，他也要包饺子。甚至大人在用刀子，他也要用。很明显，他还不会这些，会把一切弄得乱七八糟，还会遇到危险。父母不让他掺和，他不干，开始哭闹。

行为3：不让父母代劳：一个皮球滚到了沙发底下，父母连忙帮他拿出来，他又开始大哭大闹，指着沙发底下，哭喊道："放回去，放回去。"父母只好把皮球放回到沙发底下。他钻到沙发底下，把皮球拿出来。这时他满意了，笑逐颜开。

有些父母不知道这是儿童逆反期的到来，认为孩子的脾气怎么这么"犟"，也会因此和孩子发生一些冲突。孩子为什么会有这些逆反行为呢？

大概从2岁开始，幼儿的自我意识开始建立，逐渐有了独立倾向。他们渴望按照自己的意志去行动，以此彰显自己"长大了"。表现在行为上就是和父母"唱反调"，有时甚至是刻意的。这其实是幼儿成长的标志。

04 叛逆和攻击行为：无处安放的心理能量

因为"叛逆"会让孩子有一种力量感：我可以掌控我自己！我甚至可以对抗大人！他们的内心会有这样的潜台词：

你们大人能做的事，我也能做，哼，不信你们瞧瞧！

我忙着呢，我玩得可开心呢，讨厌，别打扰我！

为什么没人注意我？咦，我一唱反调，妈妈就理我了！

嘿，有意思，我很好奇，如果……会怎么样呢？我要试试看！

啰啰唆唆真烦人，偏不照你们说的做！

哼，凭什么我就要听你的？

我倒要看看，妈妈会不会生气？

这些感觉可以综合为一句话——获得独自探索的自主感，或者说掌控感。在婴儿时期，孩子处处依赖父母，也可以说被父母控制，但因为能力弱小需要依赖父母，所以能找到平衡。但到了3岁以后，幼儿的认知、语言、行为等能力和心理都得到了飞跃式的发展，积累了一定的"心理资源"，这些心理资源成为他的驱动力，使他对什么事情都跃跃欲试。也就是说，从内到外都有能量忍不住想要释放。这个时候他已无法再满足事事被父母控制，而是想要自己去探索，获得掌控感。

也可以这么说，幼儿在成长的过程中感觉自己越来越"强大"，这种强大需要得到证明，"叛逆行为"就是证明的一种方式。

心理学家武志红曾说，儿童通过"叛逆"向外索取生存空间，向外界证明自己的力量，同时获得自我效能感，即自信心。因为儿童在挑战任何一件事情时，都需要调动脑力、体力、心理等能量，这对孩子是一种锻炼。而一旦挑战成功，就会让孩子感觉到"我行"，从而形成自我效能感。而阻断孩子的叛逆行为则是阻断孩子自我探索的过程，会让孩子觉得"我不能、我不行、我什么事情都做不好"，会破坏孩子的自我效能感。

所以，面对孩子的逆反行为，父母不用着急，也无需刻意纠正，而是要顺其自然或适当满足。

利用逆反心理"正话反说"

在逆反期，孩子说"不"成为一种习惯，哪怕他本来想做的事情，但因为父母让他做，他就故意对着干。这个时候，不妨"正话反说"。如果你想让他喝水，可以说："这水你不喝了吧，那我倒了哦。""不许倒！"他拿起来一口气喝完。这种情况我曾在生活中见到过，妈妈想让孩子在离开房间时顺手把门关上，但说了几次孩子就是不关。有一次妈妈这样说："今天天气有点热，你别关门。"孩子立刻走上前去把门关上了。这是大人的小狡黠，既达到了自己的目的，又满足了孩子的逆反心理，何乐而不为呢？

只要行为没有危险性，就让孩子尝试

有些大人能做的事情孩子可能还做不好，可孩子又很想尝试，然而父母会以"这些你还不会，那些有危险，你会弄得乱七八糟还得我来收拾"等理由拒绝孩子去做。结果弄得孩子满心不舒服，能量无处释放，逆反心理无处发泄，只好跟父母大哭大闹。其实，只要行为没有危险性，不妨让孩子试试，和孩子"独自探索的自主感"比起来，把事情做砸和把家里弄乱真的不太重要。但有危险的事情，如动剪子、电插座之类的事情还是要禁止孩子去做。

能做的让他做，不能做的再由父母来做

孩子长大了，可有些父母还没"长大"，还是喜欢什么事情都替孩子去做。这让孩子感到不满。所以，只要孩子能做到的事情就让他去做，在孩子几番尝试后实在做不到的事情再由父母来做。这一方面满足了孩子自我探索的自主感，另一方面也是让孩子意识到自己的能力有限，并不是所有的事情都能做好。那么在父母阻止孩子做一些事情时，孩子也能接受。

利用各种方式主动满足孩子的价值感

孩子逆反行为的真正心理动机是：我长大了，我很能干，我的事情我能自己做主，你们要接纳这样的现实，看到我的价值。那么父母不妨主动去满足孩子的这种心理动机，可以利用这样一些方式：给他创造一些客观条件。例如，给他开辟一块地方，让他尽情地玩面粉、拖地，从中体验到"很能干"的感觉；通过游戏活动，让他扮演大人的角色，满足他想参与大人生活的需要；培养他一些艺术方面的才能，让他从中体会到价值感；也可以带他参加一些体育活动、户外活动等，让他的能量得到释放，获得对更多事物的掌控感。

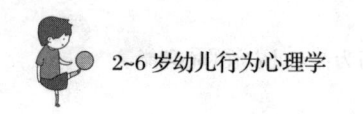

总的来说，就是尊重幼儿的自主性与探索性，给他创造宽松、安全的探索环境，让他的"叛逆行为"自然发展，释放他的活力。

儿童在逆反期的主要矛盾是，孩子出现了超出自己实际发展水平的"长大感"，但父母对此认识不足，应对不恰当，引起了孩子的不满和反抗。如果父母能够妥善应对，让孩子的这种"长大感"得到充分满足，那么孩子可能根本就不会那么逆反。

不合作行为：忽视或过度关注都会让孩子逆反

为了获得独自探索的自主感而出现的逆反行为，父母无需焦虑，它会随着孩子年龄的增长自然消失。但有些逆反行为和父母对待孩子的方式有关，会影响到孩子的性格，需要引起我们的注意。父母的忽视或过度关注，都会引起孩子的逆反情绪及行为。

我有一位朋友，曾经和孩子分开两年，孩子3岁时接到自己身边，但孩子和她的关系不像其他的亲子关系那般融洽。日常她和孩子的任何沟通，孩子都不是很配合，一言一行都透露着逆反的情绪。"不"字常挂在嘴边，摔东西、打妈妈的行为也时有发生，对妈妈也缺乏起码的礼貌和尊重。这种行为习惯也

04 叛逆和攻击行为：无处安放的心理能量

延伸到了他和别人的相处中。而且，这样的行为一直持续到他长大。也就是说，他从幼年叛逆到了青少年。

人的一生中有三个叛逆期，2~3岁时的宝宝叛逆期，7~8岁时的儿童叛逆期，12~18岁时期的青春叛逆期，大部分的孩子是过去了某个叛逆期，叛逆行为就会相应减少，一直到下个叛逆期，才会再次出现较为明显的叛逆行为。但极少有孩子从宝宝时期叛逆到青少年时期，那一定是孩子的某方面出现了问题。这个孩子的问题就是在他最需要母爱的时候没有得到关爱，那么孩子的心灵就缺失了一大块。妈妈回到他身边时，爱他的方式又是非常矛盾的，有时极度关注，有时又因为工作忙碌而忽视他。同时，关爱他的时候又缺乏正确的方法。这使孩子的心理变得复杂甚至扭曲，对妈妈的情感既疏离、怨恨，又渴望关注和爱，反应在外就是逆反的情绪和言行，用这种方式来表达对妈妈的不满，同时也是在索取爱。

所以，忽视会造成孩子某种程度的逆反情绪。

那么，过度关注呢？同样会造成这样的后果。

如果你留意过就会发现，很多家庭的小孩，在其他人面前都情绪稳定，凡事好商量的样子，唯独到了妈妈面前，就像变了一个人，妈妈说什么都不行，顶嘴、哭闹、打人、摔东西，这些行为在妈妈面前都出现了。我们老家就有一句话："孩子见了娘，没事哭三场。"这是为什么呢？

这是因为幼儿在妈妈面前更有安全感。通常来说，妈妈是最爱孩子或最迁就包容孩子的那个人，所以孩子敢肆无忌惮地在妈妈面前释放自己的情绪，表达自己的要求包括拒绝，他知道，妈妈会妥协。也就是说，在别人面前，孩子需要迁就他们，因此看起来好说话、很理智；而在妈妈面前，孩子知道妈妈会迁就自己，因此就会让妈妈配合自己的意愿，看起来就是不那么好说话。有的家庭里，是爸爸或者老人担任这个角色。

对孩子来说，这是好事，但也是坏事。家庭成员里有一个人能给孩子极大的安全感，这当然是好事。但同时也说明，这位家庭成员对孩子过于迁就或关爱过多。

过于迁就会造成溺爱，孩子在妈妈面前为所欲为，稍微不被满足就会产生不满情绪和言行，如哭闹、攻击行为等。成人后，他们会把这种相处模式复制到亲密关系中，因为我们会认为，爱人也应该像妈妈那样包容我们，虽然事实上不可能。

另外，对孩子过于关注和关爱，会侵占孩子的独立空间，使他产生逆反心理。心理学家武志红曾说过，无微不至的爱也是密不透风的爱，会让人遭遇"被吞没的痛"——就像被大海吞没了一样，无法呼吸。遭遇这种痛苦，无论是成人还是幼儿，都会本能地想要逃离。幼儿无法逃离，只能反抗，逆反情绪和行为就是他反抗的方式。只有2岁之前的婴幼儿能享受密不透风的爱，因为这时，他们的独立意识还没有萌发，独立能力也非常缺乏，完全依赖妈妈生活。但2岁之后，幼儿有了一定的独立意识和独立能力，第一个叛逆期也随之到来，密不透风的爱就会让他们不舒服。青春期的逆反行为也是如此，你越关注他，他越反感，因为青春期是人一生中独立意识的大迸发时期。

所以，过于迁就和关注幼儿也会让他们产生逆反情绪和行为。

其实，忽视幼儿和过度关注幼儿都会让幼儿失去"存在感"。幼儿的存在感在不同的时期是用不同的方式获得的。在2岁之前，幼儿需要通过父母尤其是妈妈对自己的高度关注获得存在感。这个时期，幼儿还没有形成自我意识，妈妈的关注和爱是他们形成自我的基础。如果缺乏足够的关注和爱，他们的自我就是破碎的，之后的成长就可能会出现问题。

2岁以后，幼儿的自我意识、独立意识开始萌芽，他们需要通过独自探索获得存在感。这个时候，父母过度的关注会使他们失去独自探索的空间以及心理成长的空间。在一个家庭里，对孩子投入过度关注的往往是妈妈，所以幼儿更容易对妈妈产生逆反的情绪和行为。

这也告诉我们，我们爱孩子的方式要随着孩子年龄的增长而不断变化，幼儿在不同时期的心理需求是不一样的，我们既不能有空就管孩子，没空就不管孩子；也不能不顾孩子的感受而一味付出，那么你看似是在爱孩子，其实满足的是自己"非常爱孩子"的心理需求。适度、合理的爱以及科学的育儿方式才能建构一段和谐的亲子关系。

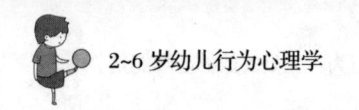

胡涂乱抹：原始的表达欲望

幼儿喜欢画画，但极少有幼儿会规规矩矩地画画，很多人家里的书上、地板上、桌子上、墙壁上、床单上都留下了孩子的"杰作"。某些公共场合也会留下幼儿的画作，即便给他们一张纸，他们也不会在纸上好好画，总想转移到其他地方。

有时候朋友借我的书，还回来的时候，封面和封底总会有一些没有任何规则的线条，我就知道那是他家宝宝的杰作。有一次去一个朋友家，她家有两个复古的皮沙发我很喜欢，那天我发现皮沙发上多了若干个细小的洞，一问，朋友说，她女儿用铅笔在皮沙发上画画，画着画着，就用铅笔在沙发上戳起洞来，如果不是她看见了大喝一声，另一个沙发也被她毁了。还好，女儿用铅笔画的线条能被擦掉。

幼儿的"创作欲望"就是这么强烈。说这是幼儿的创作欲望，并不是反话。而是，这真的是幼儿在表达自己对世界的想象和认知。每一个人都需要表达自己对世界的想象和认识，通过表达建立自己与世界的联系，成人通过语言、文字来表达，幼儿通过画画。这不仅是因为他们的语言、文字能力还没有发展起来，也是因为，相较于语言、文字，画画更容易天马行空、不受约束。

幼儿也不会在你规定的时间才画。他们每天都在感受这个世界，每时每刻都在观察、学习、模仿，对世界的体验飞速叠加，这使得他们的表达欲望特别强烈，随时都会迸发。就像很多青少年喜欢写日记一样，那个时期，他们的心智快速发展，对世界充满了兴趣，有了许多朦胧的认知，不成熟但又急切想要表达。而到了中年以后，人的表达欲望就没有那么强烈了。但是，少年对世界的认知既不清晰又不准确，写出来的文字在成人看来就是不知所云。而幼儿对世界的观察也是模糊的，对世界更没有清晰的认知，因此他们的画在我们看来就是乱画一气，尤其是在刚开始，就是一些没有任何规则的线条。

另外，幼儿的感知和手指、手部精细动作正处于快速发展时期，它们每天都跃跃欲试，想体验画在不同地方的感觉，水泥地上是粗糙的、瓷砖上是光滑的、床单上是柔软的……所以，只是在纸上画他们是不满足的。但是，他们画画的能力——控制手指的能力却没有发展起来，因此画出来的东西总是不成样子。

这一切导致我们认为幼儿总是在搞破坏，不会画，还到处乱画。越阻止，越要画。不了解原因的家长会给孩子冠以"叛逆"的罪名。其实，幼儿时期的叛逆多是正常的欲望。

对幼儿的这种行为，不能一味阻止，也不能完全任其随心所欲，毕竟地板、床单、沙发甚至公共场合，都不是随意乱画的地方。那么，该如何引导呢？有两位父母为我们做了示范。

宽容与限制合二为一

一位是我们熟知的著名教育学家、畅销书《好妈妈胜过好老师》的作者尹建莉。有一天,她看到女儿在家里的墙上画画,非常生气。但她很快冷静下来,她意识到,和女儿的创作欲比起来,一面墙不算什么。于是,她跟女儿说:"你可以在墙上画画,但你只可以在这面墙上画画。"

另一个是一位普通的父亲。当看到女儿在自己心爱的汽车上画画时,这位父亲气坏了,他正想训斥女儿,可仔细一看,汽车上的画面是一家三口手牵着手去超市。女儿画得惟妙惟肖,旁边写着几个字——相亲相爱的一家人。那一刻,父亲的心"软"了,和女儿画画的热情以及对父母的爱比起来,汽车脏了有那么重要吗?于是他收起了脾气,对女儿说:"画得真好看,爸爸收到你对爸爸的爱了。但如果你能画在纸上就更好了,那样爸爸就可以把它挂在墙上进行展示。而且,你绝对不能在别人的汽车上和公共场合乱画。"

举这两个例子,并不是支持孩子到处乱画,而是面对孩子到处乱画这一行为,我们不是只能有一种态度,而是可以灵活地处理。可以对他这种行为表示宽容,在这个基础上,对他做出一定的限制:"你可以在墙上画画,但你只可以在这面墙上画画。""你可以在爸爸的汽车上画画,但你不能在别人的汽车和公共场合画画,而且你最好在纸上画画。"这样做不仅避免了父母与孩子之间的冲突,保护了孩子的创作热情,满足了孩子"到处乱画"的欲望,同时也给了孩子一定的约束和正确的引导——我满足你一定的画画自由,但你也要尊重他人,遵

04 叛逆和攻击行为：无处安放的心理能量

守社会公德。

为孩子创设随心所欲的条件

孩子不满足在纸上画画怎么办？我们可以给孩子买画板，买黑板、白板，甚至可以把家里的一面墙都装成白板，或者把整面墙都贴上画纸。再不行，一张张A4纸拼贴起来，就是一面可以画画的墙。家里不用的旧床单，给他画。总之，只要你想让孩子画画，就一定能想到办法。当你主动为孩子创设这么多胡乱涂画的场所，满足了他一定的创作欲望之后，再向他提一些要求，孩子也会比较容易接受。

给孩子报画画班，让他尽情挥洒

给孩子报一个画画班，他的行为就会被环境同化。当他看到所有的小朋友都在纸上画画，就明白了在纸上画画才是合理的行为。当在老师的指引下，他可以画出像模像样的东西以后，就会明白真正的画画是什么样的，画画这一行为就会从无意识变成有意识，从绝对感性变成具有一定的理性。那么乱涂乱画的行为就会得到一定的改善，同时画画的欲望也可以得到一定的满足。但是要注意，不要给孩子报那种套路式的画画班，以免伤害孩子的想象力；也不要过早地给孩子报画画班，如果孩子画笔还拿不稳，就给他报班，那就是揠苗助长。

幼儿的胡乱涂画行为持续时间也很长，从2岁开始持续到6岁，画画能力也呈螺旋状上升：2岁多时，是一些没有规则的线团；3岁时，开始画一些没有规则的图形；4岁左右，开始描绘身边具体的事物，画中开始呈现事物的细节；6岁以后，对细节的描绘更为精细。这时，他们也会渐渐结束到处乱画的行为，愿意画在纸上。

到处乱画，并不是简单的不守规矩、叛逆，而是幼儿想要表达自己对世界的认知，想要对自己观察到的世界进行创作，这是幼儿成长的一种表现。孩子的这种表达欲望越强烈，就代表他内心的成长力量越强大。对于幼儿的这一行为，我们更应该鼓励和引导，而不是简单粗暴地制止。

打人、咬人：直接攻击行为

幼儿园老师来电话，小迪和小朋友打架了，原因是抢夺一个教具。小迪最近不知道怎么了，频繁出现攻击别人的行为。上次在小区里玩，刚开始还和一个小朋友玩得喜笑颜开，没过几分钟，就抓起地上的一颗小石子往那个小朋友身上扔。幸亏那颗小石子很小，没有给那个小朋友带来伤害。爸爸让小迪给那个小朋友道歉，他却坚持不道歉。回到家里，爸爸批评他，他竟然又打了爸爸，还乱扔家里的东西。这孩子小时候还是很温顺的，现在5岁了，脾气却越来越差。

小迪身上出现了明显的攻击性行为。3~5岁是幼儿攻击行为的爆发期。攻击行为一般分为语言攻击和身体攻击。和被动

04 叛逆和攻击行为：无处安放的心理能量

攻击比起来，这些行为易于观察，又通常是主动发起的，因此可以叫它直接攻击或主动攻击。

幼儿的攻击行为呈现以下几个特点：

（1）大多数是工具性攻击，即为了获得某个物品所做出的争吵、抢夺、推搡、打架等动作；敌意性攻击较少，即以打击、伤害他人为目的的攻击行为，如嘲笑、殴打等。

（2）更多依靠身体上的攻击，而不是言语的攻击。因为幼儿的语言表达能力还未发展起来，因此他们更多是用身体进行攻击，具体表现为打人、咬人、踢人、抢东西、摔东西等。个别幼儿的攻击行为看起来相当恐怖，我曾经看到过一个小男孩咬牙切齿地掐爸爸的脖子，但如此激烈的攻击行为是少见的。

（3）低龄幼儿大多是工具性攻击，大龄幼儿的敌意性攻击渐渐增多。

（4）幼儿的攻击性行为有着明显的性别差异，男孩的攻击行为明显多于女孩。

总体来说，幼儿攻击行为的攻击性并没有那么强，真正有敌意的攻击行为并不多。但不管有没有敌意，生活中，大多时候我们会把幼儿的攻击行为视为不好的现象加以干涉。但英国精神分析学家温尼科特认为，人应该具有一定的攻击性，因为攻击性代表着活力，代表一个人愿意主动采取措施维护自己的意志。一个具有一定攻击性的人，不会压抑自己，可以正常地释放愤怒，不至于得抑郁症。可以这么理解，一定的攻击性可以使自己的身心更健康。所以，幼儿的攻击性不能简单绝对地定性为好还是不好，而是应该具体情况具体分析。一个基本的态度是，我们允许幼儿释放愤怒、伤悲等情绪，但不允许他用攻击的方式来释放情绪。因为，即便是没有主观敌意的工具性攻击，客观上也会给他人带来伤害。

要想对幼儿的攻击行为进行合理的引导，首先要弄清楚幼儿的攻击行为产生的原因。

易受挫，情绪易起伏，归因偏差。极小的事情都会引起幼儿的负面情绪，如某个小朋友离自己近了一点。也会有归因偏差，某个小朋友无意间碰了自己一下，就会认为人家是故意的，从而产生怒气。

不知道如何用语言表达意愿，只好用行为（攻击）来表达。有情绪不要紧，表达出来就不会产生攻击行为。但幼儿的语言表达能力较弱，不会用语言表达自己的意愿和感受，情急之下就会打人或咬人。在刚开始，他们不一定知道这种行为会给别人带来伤害。

手和嘴处于快速发展时期。幼儿的语言能力没有发展起来，手和嘴却处于快速发展时期，特别是如果到了手和嘴的敏感期，这两项触觉会非常敏感，活动的欲望也特别强烈，但控制身体的能力却没有发展起来，就会无法理智地控制自己的行为。

感知世界的方式。2岁左右的幼儿正处于口和手的敏感期，他们喜欢用口和手去体验事物，包括他人的身体或手臂。当他们"使劲"用手或牙齿去"接触"他人的身体或皮肤并看到他人的激烈反应时，他们才知道这种行为是不妥的。所以，我们认为他们在打人、咬人，2岁的幼儿可能认为他只是在感知世界。

希望获得关注。如果幼儿平时得不到足够的关注，也会用打人这种方式来引起大人的注意。

香港作家李中莹在他的著作《爱上双人舞》一书中讲了这样一个案例。有一个小女孩特别乖巧，但是她的父亲却很少关注她。于是她开始胡闹，乱喊乱叫、乱扔东西，家里有小朋友时打其他小朋友。果然，她的父亲勃然大怒，大声训斥她，甚至打她。虽然当时她很害怕，但当恐惧过去之后，她会再次用这种方式来引起父亲的注意。

当幼儿得不到父母足够的关注，而博取关注的意愿又特别强烈时，是有可能以这种方式来引起父母注意的。

叛逆行为的延伸。有时候，大人越是生气训斥他们，他们越是打人。这时，就是幼儿的叛逆情绪在作怪："看，爸爸妈妈那么生气，这太有趣了！""我竟然可以让爸爸妈妈那么生气，我太能干了！"

他人或环境的不良示范。幼儿的模仿能力很强，如果看到父母或其他小朋友打人，他们就会模仿这种行为。特别是，当他们发现打人能达到自己的目的时，更会去重复这种行为。例如，幼儿打人后，父母或者小朋友妥协满足了他们的要求，他

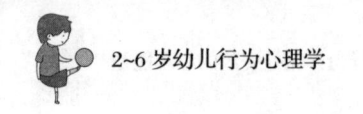

们就会认为通过这种激烈的方式能达到自己的目的，那么以后就会再打人。还有，电视节目中的游戏里也会有一些经过渲染的夸张暴力攻击行为，幼儿也会去模仿。

自己受到了攻击，需要反击。幼儿的攻击行为不一定全是主动的，有时是自己被攻击时进行反击。

总之，幼儿攻击行为产生的原因很多，那么该如何引导呢？首先不要简单粗暴地斥责，可以尝试用以下的方法来进行引导。

引导孩子用语言来表达意愿

虽然幼儿的语言表达能力不强，但简单地表达意愿还是可以的。我们可以引导幼儿用简单的语言表达意愿，想玩小朋友的玩具，可以说："我可以玩你的玩具吗？"而不是直接抢。如果想要拒绝别人或表达不满，也可以说出来："这是我的玩具，我不想给你玩，如果你抢走，我会不高兴的。"两三岁的幼儿可以更简单地说"不！""不行！""我不愿意！"引导幼儿具备这样的意识，矛盾是可以用语言来解决的，解决不了再想其他办法。

教会孩子应对攻击的方法

自己用语言解决问题，但其他小朋友攻击自己，这该怎么办呢？不要简单地教孩子"打回去"。这只会助长孩子的攻击性，激化矛盾冲突。可以教孩子几招：

（1）语言警告：你打我，我就告诉老师（妈妈）。

（2）怒目圆睁看着对方，让对方知道自己已经很生气了，以此迫使对方放弃攻击。

（3）直接向老师或其他成人报告，让大人帮助自己。

为幼儿提供独立解决冲突的机会

教会了孩子以上方法，还得让孩子练习运用。当孩子遇到了矛盾冲突时，父母哪怕在旁边，也不要第一时间冲上去帮他解决，先让他自己去面对，看他会不会根据具体情况灵活使用以上方法。实在解决不了，父母再出面。回家以后可以和孩子复盘一下，今天没能自己解决冲突，是哪里执行得不好；孩子自己解决了问题，则肯定一下哪里做得对，下次还这么做。同时，父母应给予孩子一定的鼓励和奖励。

培养幼儿的共情能力

要让幼儿知道，攻击别人会给别人带来伤害，用共情可以帮孩子意识到这一点。心理学家研究发现，儿童2岁左右即具备了共情能力。例如，"如果别人抢了你的玩具，你会怎么样？""如果今天挨打的是你，你会怎么样？"经常引导孩子与别人共情，想想别人的感受，可减少他攻击别人的欲望和行为。

为幼儿提供宣泄情绪（活力）的途径

温尼科特说，攻击性代表着活力。那么部分攻击行为就是幼儿的活力释放错了地方。既然这样，何不给孩子一些正确的释放活力的途径，宣泄他们焦躁的情绪？例如，给他们安排一

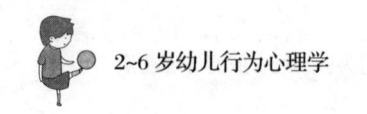

些户外活动、体育活动、竞赛性游戏等。

不要强化孩子的攻击行为

父母不要反应过激。过激的反应会让那些以此吸引父母注意的幼儿和叛逆的幼儿达到目的，从而继续实施攻击行为。对这两类孩子，我们只需要严肃认真地告诉他们这样做是不对的，正确的做法应该是什么就行，不需要有更多更大的反应。对那些偶然实施攻击行为的孩子，父母过激的反应也会对他们形成强化。

另外，别让孩子从攻击行为中得到好处。如果孩子一出现攻击行为，父母就妥协并满足他的要求，或者他通过武力抢夺到玩具，而父母默许了他的行为，他就会把攻击行为和获得好处联系起来，从而养成用攻击行为达到自己目的的习惯。所以父母在他们实施攻击行为的时候，不能轻易妥协，如默许、一笑了之、置之不管等，而是要让他们用正确的方式表达。

不要给孩子错误的示范，给孩子足够的关注和爱

幼儿的模仿能力强，所以父母不要用攻击行为去面对问题，如言语攻击伴侣、摔东西、和他人发生肢体冲突等，也不要用攻击性的言语批评孩子，要把批评性的语言转换成引导性的语言。另外，孩子在电视、游戏等媒介中看到暴力行为时，父母要加以引导，告诉他们这只是艺术创作，不能模仿学习。

除此之外，父母应尽量给孩子更多的关注和爱，这样孩子就不需要为了引起父母的关注而出现攻击性行为。同时，有了足够的关注和爱，孩子更有安全感，心理上也更放松，这样就不大会用激烈的方式表达自己，因为攻击行为很多时候是在心理紧张情况下的应激反应。

总之，在他们受挫时，要及时关注并安慰他们，缓解他们的负面情绪，引导他们成为一个情绪稳定的孩子。

为幼儿提供合理的活动空间和玩耍的器具

局促的活动空间，容易让幼儿发生身体的冲撞。玩耍的东西少，而幼儿多，也容易出现争抢行为。如果家里或某个空间有多个小朋友，这两方面一定要设置合理。比如想去小区里的儿童乐园玩，可以选择小朋友不太多的时候去。

打人、咬人的攻击行为是幼儿时期非常典型也非常重要的一种行为，不能置之不管，也无需反应过激，合理引导，即可平稳度过。

哎呀，花瓶打碎了：被动攻击行为

一位父亲又在训斥6岁的儿子："成天毛毛躁躁的，喝个饮料洒了一桌子，去拿抹布擦干净！"在父亲的训斥声中，儿子拿来了抹布。刚要擦，父亲的声音又响起来："没看到那个抹布很脏吗？洗干净再擦！"儿子又返回洗手间，胡乱洗了几下抹布，轻轻擦起桌子来。"动作快点！成天要你干点啥，磨磨蹭蹭的。快上小学了,有一点上小学的样子吗?"妈妈插话了:"别训儿子了,这不还没上小学吗?""都是你惯的!"爸爸冲妈妈吼道。"好,好,我不管还不行吗?"

儿子始终没有吭声,他一边轻轻地擦着,一边用余光观察着爸爸。终于,爸爸转身了,他拿着抹布的手伸向了桌子上的花瓶。"啪"的一声,玻璃花瓶掉到了地上,碎了!"哎呀,爸爸,我不小心碰到了花瓶。"他一脸无辜地看着爸爸。爸爸气得刚想要伸手打孩子,妈妈立刻拦住了:"谁让你让他擦桌子的,他哪会做家务?儿子,赶快让我看看,有没有伤到手?"

孩子毛躁,打碎一个碗、一个花瓶或妈妈的一瓶护肤品,这在生活中看起来是非常正常的行为。但这个故事中的小孩打碎花瓶的行为却不是那么正常,因为他是故意的。他为什么要故意打碎花瓶?为了反抗父母。不是所有的孩子都敢和父母发生正面冲突的,直接攻击父母的。但是,受父母的压制、训斥又让他非常不满,为了释放心中的负面情绪,就会采取这种方式反抗父母。这叫作"被动攻击"。其本质是,通过故意搞砸你让他做的事情,让你生气,来宣泄心中的不满,同时让你放弃再让他做这些事。所以,被动攻击也是一种反击行为。通常在冲突双方力量悬殊的情况下,力量弱的那一方就会采取被动攻击行为。被动攻击行为一般出现在较大的幼儿身上,因为低龄幼儿的思维水平还没有发展到这种程度。被动攻击行为较为隐秘,如果父母都没有看见,可能会真的以为是孩子不小心打

碎了花瓶。

还有一种攻击行为比被动攻击更隐秘，那就是消极抵抗，它是被动攻击的另一种形式，其代表行为是磨蹭、拖延。我观察到，我小侄女身上就有明显的消极抵抗行为。

我小侄女的生活日常是我妈妈负责的。从早上开始一直到晚上睡觉前，我妈的催促和唠叨就不绝于耳："快起床了，上幼儿园要迟到了。""快点吃，饭都要凉了！""上厕所怎么那么慢呢？快点，我们要出门了。""刷牙了吗？怎么还没刷牙呢？都十点了，快刷牙睡觉！"

这声音从早到晚，充斥着着急和焦虑，一天又一天地重复着……说实话，我偶尔回来一两天，都快要崩溃了。但奇怪的是，小侄女对奶奶的催促和唠叨毫无反应，既没有不满的情绪，也从来没有快起来。好像这些声音她从来没有听到过一样，仍然以她万年不变的速度——慢慢地，慢慢地进行着她的每件事。于是，奶奶更着急、更焦虑了。

我在想，如果是我，一定会逃离这个环境。这样，妈妈不用焦虑，我也不用忍受她的唠叨。但侄女逃离不了这个环境，她是怎么度过与奶奶生活的每一天、每一刻的呢？

她是靠"消极抵抗"来平衡这一切的。消极抵抗是，我会做你让我做的事情，但我不会按你的方式或你说的速度，以此来反抗你对我的控制，宣泄我对你的不满。奶奶对小侄女的催促和唠叨其实是一种控制，控制她做事情的节奏。幼儿肯定不知道这是控制，但她有感觉，感觉到了奶奶的催促和唠叨让她不舒服，为了摆脱这种不舒服，她就愈加磨蹭和拖延。以此让奶奶意识到对她的催促和唠叨没用，从而放弃对她的催促和唠叨。

如果我们不了解这些，反而认为这就是孩子的本来面貌，从而一直迫使他改变，就会让事情陷入恶性循环，父母一直迫使孩子改变，孩子一直消极抵抗，彼此都对对方充满不满情绪。而孩子的被动攻击行为也有可能变成他的习惯。

如何消除或减少这种行为？

首先，给予孩子柔和与科学的教育方法。被动攻击行为产生的最主要原因，是孩子不敢直接向父母或养育者表达自己的不满情绪。幼儿在父母或养育者面前是弱者，有了不满也不敢说，或者不知道该怎么说，因为幼儿的语言表达能力也不强，所以才会采取直接攻击或被动攻击的方式来反抗父母。

那么，如果父母的教育方式可以柔和、科学一些，如不训斥、不控制、不唠叨、不催促，那么孩子也就不会有那么多不满情绪。

其次，父母可以清楚地告诉孩子，如果对父母不满，可以直接表达出来。如果不知道怎么说，可以发脾气。父母不过于严厉，同时允许孩子发泄情绪，那么他们就不需要采取被动攻击行为了，甚至直接攻击行为也会减少。

虽然我们不提倡孩子随意发脾气，但也不能一味地压制发

04 叛逆和攻击行为：无处安放的心理能量

脾气行为。一是因为幼儿还不太会表达情绪，二是把情绪发泄出来，父母起码知道发生了什么事情。如果孩子一直采用被动攻击方式，父母和孩子就会一直处于互相不了解的状态，问题一直得不到解决，虽然表面的冲突可能不像直接攻击行为那么明显，但是彼此内心的情绪冲突一直都在。

同时，我们也可以引导孩子学习如何用语言表达不满情绪，如"妈妈，不要再催了，我正在做！"或者"爸爸，你不要那么大声，我害怕。"而父母接收到孩子的这些讯息时，要能够改变自己的态度。那么，父母与孩子之间就有了正常的沟通渠道，也就不会出现攻击行为了。

所以，消除孩子的攻击行为，首先需要父母为他们创造一个能安全表达情绪的氛围。

最后，如果父母需要孩子做什么，提醒一两次就可以，不要频繁地说教。尤其是对于孩子的缺点，不要一遍又一遍地强调，这很容易引起孩子的反感，甚至是逆反心理，从而被动攻击父母。

幼儿天生就有反击的本领，只是他们会用不同的方式。性格较为叛逆的孩子会采用直接攻击，稍微逆来顺受一些的孩子会采用被动攻击，懦弱的孩子或当下没有其他办法的时候会采取自我攻击，因为情绪总要有个出口，要么向外，要么向内。

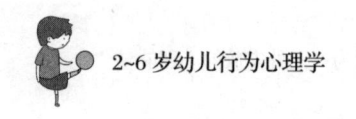

撞头：自我攻击行为

自我攻击就是把情绪对准自己。我曾见过一个幼儿的自我攻击行为。

有一次，我在车站等公交车。一位妈妈抱着一个2岁左右的小女孩在车站送爸爸。爸爸一边等车，一边逗女儿，小女孩非常高兴。但很快，这幅温馨的画面就被破坏了。车来了，爸爸朝女儿摆摆手，说着"再见"上了车。小女孩瞬间大哭，并用手使劲儿拍打自己的额头。

不知道车上的爸爸有没有看到这个画面，当时的我内心震动不已，非常心疼这个小女孩，这个时候的她还不知道怎么面对离别，怎么消化情绪，只有采取自我攻击的方式来发泄情绪。

自我攻击就是有了情绪之后，采取伤害自己的方式来发泄情绪，寻找心理平衡。自我攻击行为产生的原因是，不善于或不敢向外攻击，或者发现向外攻击也改变不了什么时，就只能采取伤害自己的方式来发泄情绪了。

我曾在一个育儿专题片里看到一个4岁的小男孩因为妈妈不给他零食吃而号啕大哭。刚开始，妈妈抱着他安慰他，他直接攻击妈妈——打妈妈。于是，妈妈放下了他，不管他，让他独自在那里哭。他哭了好一阵子，看妈妈不为所动，就开始朝墙上撞头。妈妈想上前阻止，但又忍住了。小男孩接着又撞，一下，两下……

04 叛逆和攻击行为：无处安放的心理能量

当时，这位妈妈该多心痛呀。可是，她毫无办法。她尝试着安慰孩子，承受了孩子的攻击，可是不行，孩子的情绪太激动了。

这些是形式比较激烈的自我攻击，有些幼儿的自我攻击行为则比较舒缓。

有一天，女儿突然对妈妈说："妈妈，我是个笨蛋。"

"为什么这么说？"妈妈很吃惊。

"幼儿园的小朋友都这么说我，老师有时候也说我笨。"

"他们因为什么事说你笨？"

"六一儿童节排练舞蹈，老师说我跳得不好，让我站在最后面。同学们都说我胖，跳起舞来像企鹅。做手工，我也做得慢。"

"他们胡说！你哪里胖了，你照镜子看看，我的女儿最漂亮了，怎么可能像企鹅。"

小女孩照了照镜子，叹了口气："唉，我就是像企鹅。"

自我攻击反映在外在是伤害自己的行为，反映在内在则是内归因的心理逻辑，即一切都是因为自己不好，即便事实并不是如此。小朋友嘲笑自己，老师批评自己，是他们错了，而不是小女孩。不管小女孩是不是真的胖，他人都不能嘲笑她。正常的反应应该是反击——直接攻击或被动攻击，用行为告诉他们：我不是好惹的，请不要攻击我。

我们不提倡孩子主动攻击别人，但在受到他人的攻击时应该知道如何通过反击来保护自己。心理学家说，正常的人应该具备一定的攻击性，这代表你不会压抑自己，可以正常地释放愤怒，不至于得抑郁症。而自我攻击则是不知道如何正确地释放愤怒，把本应该向外释放的愤怒指向了自己，这也是抑郁症的重要源头。

如果你的孩子身上具有直接攻击和被动攻击行为，你应该庆幸，因为至少他们没有伤害自己。而释放出来的愤怒，父母可以看到，可以引导。而且，幼儿的愤怒并不会有过大的破坏性。而自我攻击行为有时不被父母看到，往往是造成严重的后果了，如出现了抑郁和自闭的倾向，父母才意识到。

所以，自我攻击行为更应该被父母重视。

处理好孩子的情感、情绪问题，引导他们宁可向外攻击，也不要向内攻击

在前两个案例中，父母都没有处理好孩子的情绪问题。第一个小女孩2岁了，已经有了客体永久性概念，知道爸爸的离开是暂时的，但看到爸爸离开时还是情绪崩溃，是因为她对爸爸的突然离开没有预警。爸爸应该提前告诉她："爸爸等一会儿要去上班，但晚上就会回来，待会儿你和妈妈去送爸爸好不好？"那么女儿就有了心理准备。但父母都没有这么做，爸爸还把女儿逗得很高兴，然后又突然离开，让女儿快乐的情绪戛然而止。这让女儿情感上一时难以接受。就好比我们和一个朋友正聊得愉快，突然朋友说他要走了，那我们当时一定会很失落。

在第二个案例中，小男孩的情绪已经非常崩溃，但妈妈对

04 叛逆和攻击行为：无处安放的心理能量

他不管不顾，这让小男孩的心情陷入了地狱。号啕大哭、打妈妈，各种发泄情绪的方法已经用到极致，还有什么办法可以帮助自己缓解情绪？只有攻击自己了。此时的攻击自己是为了引起妈妈的注意，呼唤妈妈快来关注、安慰自己。妈妈当时的正确做法应该是，继续抱着孩子，等待孩子情绪好转，哪怕孩子继续打自己，孩子打人一般不会太疼，但对孩子不管不顾却会把孩子独自扔进情绪的地狱。

但这些不是我们在这里讨论的重点，我们要说的重点是，父母在平时就要引导孩子，任何时候都不要轻易地攻击自己，宁可向外攻击——大哭、摔东西，也不要向内攻击——伤害自己。可以发泄情绪，但以不伤害他人（除非别人攻击自己了）和自己为前提。如果平时没有对孩子进行这样的引导，那么当孩子出现自我攻击行为时，一定要抓住时机引导："我知道现在你很难过，你可以大哭，你可以摔东西，但你不要打妈妈，更不要打自己好不好？"一定要引导孩子将情绪释放出来，这样别人才能帮助他们。

留意孩子是否有自我攻击的倾向

有一部分孩子天生内向、懦弱，过于懂事乖巧，不知道该如何反击他人，有情绪总是往自己的心里藏。我们要留意自己的孩子是不是这样的孩子，平时要细心观察，孩子在面对他人的批评、嘲笑、挑衅等攻击行为时，是不是总是默默承受，没有任何反抗。一旦发现这种情况，就要及时引导，不要藏着憋着，可以说出来，让父母做主。也可以哭出来，甚至闹一闹，这不是无理取闹，这是正常的情绪宣泄，每个人都需要。同时，父母也不要刻意培养"乖孩子"，也要包容孩子的某些"叛逆"行为，那其实不是叛逆，只是孩子在表达他们正常的攻击性。从这一点来说，叛逆的孩子相对较少得抑郁症。

真正主动攻击他人的幼儿很少，他们的大部分攻击行为都是抵抗。所以，当孩子出现攻击行为时，父母要先关心，再问原因，然后再进行疏导和教育。

05 补偿行为：

只因内心缺乏爱

　　如果内心缺爱，则行为一定会"变形"。幼儿用不正常的行为来引起父母的注意，唤醒父母的觉知，希望父母能给他们爱。而那些"变形"的行为，只是内心缺爱的一种补偿。无法在人身上寻找到深度的情感链接，只能通过物质寻找。沉迷其中，倾情投入，以此获取陪伴、填充等替代情感。孩子不亲近人，亲近物质，这不得不说是父母的悲哀。

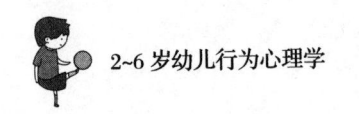

不停地要玩具和零食：及时满足还是延迟满足

我有一个朋友曾经苦恼地跟我说："儿子为什么不停地要玩具？只要出门，他就一定要买玩具。那些玩具其实和家里的差不多，可他还是要买，怎么说都不行。"我是这么回答她的："女人为什么一逛商场就要买衣服、买包包，明明每件衣服、每个包包都差不多，可女人还是想买。"她无言以对。

占有更多的物质和不停地体验新鲜的事物是人的本能，这能够让人产生愉悦的感觉。成人在情绪低落时，购物和大吃大喝的欲望会比平时更加强烈；小孩哭闹时，给他买点好吃的、好玩的就不哭了，都是同样的道理。所以，就算家里的玩具或衣服再多，可这个总是和那个不太一样，哪怕有一点不同，拥有它就是快乐的。

我这么一说，朋友理解了。但她又说："每次儿子说要啥就要啥，我说下一次再买，他就抱着玩具不肯撒手，还躺到地上撒泼打滚。"我说："这不就和我们看中了一件衣服，如果今天不买回家，晚上觉都睡不着一样吗？"

无论大人还是孩子，想要的东西不能马上得到，心里都会不舒服，都会想要"闹"，只不过闹的方式不一样罢了，小孩是撒泼打滚，大人是不睡觉。因为"想要什么就立刻得到什么"，即"及时满足"是我们的本能。我们一出生就带着强

05 补偿行为：只因内心缺乏爱

烈的"全能自恋"（我想要什么就能得到什么，并且能立刻得到）来到这个世界，而延迟满足能力是后天训练出来的。所以不管是幼儿还是成人，面对"想要而不得"都会产生不满情绪，只不过成人有一定的延迟满足能力，能够比较理智地面对，而幼儿一般都会哭闹。

那么该如何解决呢？是及时满足他们还是不满足、训练他们的延迟满足能力？关于这个问题，心理学界是有争议的。以前，大部分的心理学家都倾向于不要及时满足幼儿，要从小训练他们的延迟满足能力，认为这样的孩子长大后更容易情绪稳定、取得成就，并用一个著名的实验证明自己的观点。

20世纪70年代，美国斯坦福大学附属幼儿园基地内进行了著名的"延迟满足"实验。实验人员给每个4岁的孩子发了一颗糖，并告诉他们，如果马上吃掉，就只能吃一颗；如果20分钟后再吃，就能吃到两颗糖。然后，实验人员离开，留下孩子和极具诱惑的糖。实验人员通过单面镜对实验室中的幼儿进行观察，发现：有些孩子只等了一会儿就不耐烦了，迫不及待地吃掉了糖；有些孩子却很有耐心，还想出各种办法拖延时间，如闭上眼睛不看糖、自言自语、唱歌、讲故事……成功地转移了自己的注意力，顺利等待了20分钟后再吃软糖。

实验人员认为，前者是"及时满足者"，后者是"延迟满足者"，并对这两类孩子进行了跟踪观察，发现"及时满足者"在个性方面更多地显示出孤僻、固执、受挫、优柔寡断的倾向；"延迟满足者"较多地成为适应性强、具有冒险精神、受人欢迎、自信独立的少年。后者在数学和语文成绩上比前者平均高出20分。实验人员最后得出结论：延迟满足能力强的孩子自我控制能力更强，他们能够抑制冲动，抵制诱惑，坚持不懈地实现目标，因此，延迟满足是一个人走向成功的重要心理素质之一。

一直以来，这个实验和观点得到了大部分心理专家和家长们的认可，直到心理学家李雪对此提出了质疑，她说，延迟满足能力真正的成因，恰恰是父母经常及时回应和满足孩子，使孩子深信自己的需求会被满足，因而没有"得不到"的恐惧，所以愿意等待。她举了一个例子：上公共汽车的时候很多人都会争抢座位，因为不抢就会没有座位。而上飞机时没人抢座位，因为一人一票，每个人都有座位，晚点上飞机也可以。所以，当你没有"得不到"的恐惧时，你就能够"延迟满足"。

上面那个实验告诉我们，拥有延迟满足能力的孩子会成长得更好，但并没有告诉我们延迟满足能力从何而来。李雪给了我们答案：如果我们能在孩子两三岁之前无条件及时满足他们，孩子内心就会有一种安全感——我要什么都能得到。那么就算你偶尔没满足孩子，他也不会有强烈的负面情绪，因为他信任父母，知道这是偶尔的情况。反之，如果你经常不满足孩子，那么每一次你不满足他的时候，他都会闹，因为他知道这

一次还是得不到，如果闹得厉害些，或许还能得到。

那些能够等待20分钟才吃糖的孩子，难道不是因为平时已经被满足得够多，所以才无所谓早20分钟吃到糖或晚20分钟吃到糖吗？假如他平时很少吃到糖，现在好不容易有吃糖的机会，他能够忍耐20分钟吗？

这也是"富养女"观念形成的原因：你平时能够及时满足她，她就能在关键的时候抵挡住诱惑。

所以我个人认为，幼儿的成长需要延迟满足能力，它确实是一个人日后情绪稳定、取得成就的基础，但是它是建立在婴幼儿时期被充分满足的基础之上。你很难想象，一个流浪汉面对面包有延迟满足的能力。

回到文章开头的例子，该如何满足幼儿不停地要玩具和零食，我的建议是：

能满足的时候，要大方满足

3岁之前，父母应尽可能及时满足孩子，2岁之前甚至可以做到"有求必应"。因为这时孩子的要求一般比较小，父母都有能力满足，不要因为"这个玩具和家里那个差不多"而不满足孩子。想想看，假如我们经济条件允许，是不是同一款衣服的不同颜色都想买一件？

更不要为了训练孩子的品质和意志而故意为难孩子。我曾经听过有的父母这么说："不能他要什么就给他买什么，要让他从小就知道不是想要什么就能得到什么。"的确不是想要什么就能得到什么，但问题是，孩子此刻想要的能够得到，父母也故意不让他得到。那么只会培养出一个物欲更加强烈的孩子。有的父母可能会说：经过我多次不满足他之后，他果然不再要了。那不是因为孩子的物欲淡化了，而是他的欲望被压抑了。那么他一旦有机会得到自己想要的东西，就会丝毫不想延迟。

不能满足的时候，要真诚地告诉孩子客观原因

当然，一定有无法满足孩子的时候，那么这时父母要诚实告诉孩子原因："妈妈这个时候有事，等下午带你到超市买。""这个东西太贵了，妈妈现在没有那么多钱，等妈妈赚到更多的钱后再给你买，或者先给你买一个小一点的行吗？"如果父母平时经常满足孩子，那么这一次偶尔不满足，孩子内心纵然有失落，也大多能接受。

一定不要这么训斥孩子："买买买，天天就知道要这要那，就知道花钱！"弄得好像都是孩子的错。孩子想要东西没错，妈妈此刻不能满足孩子也没错，只是妈妈的能力和孩子的欲望还不匹配，那么告诉孩子客观原因就好了，不要主观评判孩子。

在及时满足的基础上，再加上这样的引导，渐渐地，孩子就会发展出延迟满足的能力。在这种教育中长大的孩子，长大后会树立起这样的人生观：欲望无对错，但需要和自己的能力匹配，如果我想要更多的东西，就需要我自己付出更多努力。

05 补偿行为：只因内心缺乏爱

沉迷玩手机：缺乏高质量的陪伴

现在有很多人都得了"手机依赖症"，无论大人还是孩子。那么，沉迷玩手机这个行为为什么会产生？这让我想起网上的"结婚率为什么越来越低了"这个话题。有网友回答："为什么要结婚？是手机不好玩吗？"言下之意是，结婚这件事还不如手机好玩，和伴侣在一起还不如和手机在一起有意思。如果伴侣能给我们像手机一样高质量的陪伴，我们当然乐意结婚了。

话题回到孩子身上，如果父母能提供如手机一样的陪伴功能：陪孩子一起做游戏，给孩子绘声绘色地讲故事，和孩子一起进行有趣的户外活动……那么孩子还需要手机吗？孩子需要手机，还不是因为父母的陪伴没意思，甚至父母都不愿意陪伴孩子。

有一次妈妈生病，我在医院里陪床，相邻病床是一位30多岁的妈妈，她的丈夫在医院照顾她。俩人已经好多天没见过孩子了，倒也时不时地打电话问孩子的情况："吃饭了没有？学习怎么样？"终于到了星期天，孩子来了，是一个5岁的很乖巧的小女孩。夫妻俩嘘寒问暖了一会儿，妻子就靠在床上休息，丈夫也歪在床边看手机。这时，孩子就过来抱爸爸："爸爸，你陪我玩一会儿吧？"爸爸懒洋洋地说："你自己玩吧，爸爸看会儿手机。"孩子继续缠着爸爸："爸爸，爸爸，你陪我玩一会儿嘛。"爸爸不耐烦了，把手机往孩子手里一丢："你自己玩儿吧。"然后就歪在床边睡觉了。果然，有了手机，孩子不吵着让爸爸陪她玩儿了，安静地看起手机来。

瞧，孩子就是这样被大人推向手机的。有些父母嘴里说着爱孩子，但并不懂得怎么爱孩子，并不懂得什么是真正的陪伴。他们把爱理解为不惜一切代价为孩子提供物质需求，把陪伴理解为我和你待在一个空间里，你写作业、看电视或者独自玩儿，而我做我的事情。但真正的陪伴是，父母和孩子共同去做一件又一件有趣的事情，在陪伴的过程中，父母不仅要人在，更要心在、情在，要在这个过程中传递父母对孩子的爱，让孩子感受到，父母是一个有爱的、有魅力的、有趣的人，和父母在一起的每一分钟都是有趣的、幸福的。

曾经有一个爸爸这么跟别人说："我经常陪伴孩子，而且都是高质量的陪伴。"他的妻子却吐槽他："什么高质量的陪伴呀，孩子在一边玩儿，他在玩游戏。"所以，有些父母对高质量的陪伴真的有误解。

不仅爸爸如此，有的妈妈也如此。

我有一个朋友平常总抱怨孩子太宅，不爱出去玩，就爱在家里玩手机，朋友很想让孩子戒掉玩手机的瘾。但她也确实忙，平时没有太多时间带孩子出去玩。终于有一次，她给我打电话说："今天终于有空了，带孩子去摘草莓吧。"可是，我们到了草莓园后，孩子在园里摘草莓，她却坐在一边疯狂地聊微信，从头到尾连草莓园都没进去。结果孩子玩了一会儿就说"没意思，回家吧"。朋友手一摊，对我说："你看，不是我不带他出来玩儿，人家就是不喜欢出来玩儿，就喜欢在家玩手机。"

我的朋友不明白，她只是带孩子出来玩儿，并没有陪孩子玩儿，孩子还是独自在玩儿，这和孩子在家里玩手机并没有什么不同。所以，并不是孩子更喜欢玩手机，而是孩子天生更喜欢有趣的事物，更渴望情感陪伴。而现代手机已经不仅仅是娱乐工具，甚至还具备某种程度上的情感陪伴功能和交流功能，而这些原本是需要父母给他们的。

有心理专家说，沉迷电子产品的人，都是内心缺爱的人，缺少现实中的情感陪伴和沟通交流，才会到电子产品中去寻找。看看那些被送到网瘾中心戒网瘾的孩子，大部分都是家庭关系出了问题、与父母情感的疏离。

治标还需治本，想让孩子不再沉迷于玩手机，父母必须用真正的陪伴让孩子的内心充实起来。

什么是真正的陪伴？就是陪孩子做一切他想做的事情，并在这个过程中投入自己的情感。当孩子摘草莓的时候，你陪他一起摘草莓，并和他探讨草莓的种植过程，感叹草莓的美味；当孩子玩游戏的时候，如果孩子愿意，就和他一起玩；当孩子赢了的时候，夸奖他太棒了；当孩子输了的时候，鼓励他再来一次；当孩子看书的时候，你可以让他给你讲讲他都看了什么,看不懂的地方,你给他讲讲。陪伴是和孩子共同去做一件事,并在这个过程中和孩子有充分的交流。而最好的陪伴是你也变成孩子,像孩子的同龄人一样融入他的生活中,分享他的喜怒哀乐。最好的陪伴则是不借助任何中介,而只是用你的身体、表情、语言陪孩子一起玩耍、逗乐、交流。

有人说,父母才是孩子最好的玩具。当你扮作孩子最喜欢的那个玩偶时,当你和孩子玩游戏、讲故事时,你能给孩子的是手机、玩具所无法给予的,如最自然、生动的表情,最富情感性的交流互动。

但是,中国的大部分父母却无法成为孩子的玩具。这首先是因为中国的大部分父母性情相对稳重,面对孩子习惯"端着",不能放下姿态陪孩子玩,这使得有些父母显得有些无趣,而孩子也因此无法和父母更亲昵。所以他们宁愿玩手机,也不愿和父母待在一起。

还有一些父母则是根本就不愿意陪孩子玩,他们觉得孩子的游戏无聊、陪孩子玩太烦,不愿意把自己的时间、精力用在陪伴孩子玩耍上,宁愿把孩子推给手机。

这些父母都需要改变,或许你无法完全放下姿态做孩子的玩伴,但陪孩子摘摘草莓、玩玩游戏、讲讲故事却是可以做到的。至于说陪伴孩子无聊,说一句霸道却有理的话,你要成为孩子的玩具,但孩子却不是你的玩具,他是你的责任,不管有意思还是没意思你都要陪伴他。而且,有意思还是没意思是人的主观感受，如果你转变一下心态和认知，陪伴孩子成长也是一件非常有意思的事情。

不陪伴孩子的父母，当你有一天想陪伴的时候，他可能已经不需要你了，因为他已经找到了替代品。而低质量的陪伴也会给孩子带来负面影响。记得我小时候，妈妈一天忙到晚，没有时间和我说话，于是我沉迷课外书中，并形成了内向、孤僻、害羞的性格。

当一个孩子沉迷某物时，一定是内心缺乏爱，缺少情感交流，而沉迷某物正是这种心理的补偿行为。所以，不想让孩子沉迷于玩手机其实很简单，就是多爱孩子一些，多给孩子一些高质量的陪伴。

退行行为：其实是在呼唤爱

有的幼儿身上出现了和自身年龄不匹配的行为，如四五岁的孩子突然尿裤子、尿床。按照弗洛伊德的理论，人们在受到挫折或面临焦虑时，会放弃已经学到的比较成熟的应对方式，而退步到早期生活阶段的行为方式，这叫作"退行"。意思是说，行为出现了倒退。这是一种不成熟的心理防御机制。

有一个4岁的小男孩，平时各种行为都非常正常。有一天，他家里来了客人，妈妈的一位朋友带着一个1岁多的小宝宝到他家里玩。小宝宝特别可爱，妈妈时不时抱抱他、亲亲他、逗逗他，还给他换尿布，特别关注他。然后，这个4岁的小男孩开始乱扔家里的东西，吃饭的时候用手抓碗里的饭，甚至尿在地上！妈妈非常生气，觉得家里来了客人，孩子的表现怎么还不如平常，于是大声地训斥他。谁知，小男孩的表现更加离谱……

妈妈如此关注和照顾另外一个小朋友，就像关注照顾自己那样，这让小男孩的全能自恋感受到了挫折。为了抵御这种伤害、缓解这种焦虑，小男孩身上就出现了退行行为，用糟糕的言行来吸引妈妈的注意，希望妈妈来照顾自己，哪怕妈妈训斥自己。

幼儿的退行行为还会出现在有两个或者三个孩子的家庭，尤其是弟弟或妹妹刚刚出生时，父母甚至全家人的注意力都在小宝宝身上，这让大孩子感觉到被忽视，于是身上就会出现退行行为。

但是，退行行为通常只会在最亲的人面前出现，到了他人面前，幼儿的行为又会变得正常。

所以，退行行为的本质原因是怕最亲近、最在乎的人不关注自己、不爱自己，呼唤他们来关注自己、爱自己。也就是对对方是不是足够爱自己没有信心，于是用退行行为来试探、验证；同时，对对方又有一定的信心，相信对方能包容自己的退行行为。

简单地说，退行行为的目的是在"索爱"。它通常会出现

05 补偿行为：只因内心缺乏爱

在缺爱或曾经受过伤害的儿童或成人身上。

在无视规则那一节，我讲到朋友女儿的故事，朋友女儿身上的"退行"行为一直持续到少年时期，但在幼年时期其实已经很严重。在婴儿时期，因为家庭原因她被迫与妈妈分开，过了几年颠沛流离、缺少关爱的日子，3岁时才回到妈妈身边。但在这个过程中，她心中已经积压了不少创伤。妈妈觉得对她有亏欠，所以无尽地爱她、包容她，这让她心里的创伤有了释放的出口，敢于大胆地"退行"。其实，她是想做一回更小时候的自己，让妈妈无条件地宠爱自己一次，以弥补小时候没有得到爱的遗憾。

退行行为并不是简单的任性行为，而是一种呼唤，呼唤妈妈爱我、更爱我。

这种心理和行为在成人身上也会出现。因为每一个人在成长的过程中多多少少都会积压一些创伤，如果这些创伤没有机会得到治疗，就会一直带到成年。到了成年以后，如果有一个人特别爱自己，如伴侣，我们就会在伴侣面前出现退行行为，这种退行行为我们常常称之为"作"。如果伴侣能够包容我们的"作"，我们内心的创伤就会得到疗愈，之后就会不"作"了。在《红楼梦》中，早期的林黛玉在贾宝玉面前特别"作"（幼年丧母，少小离家，寄人篱下，非常没有安全感），后期的林黛玉却突然不"作"了。是林黛玉突然成熟了吗？并不是。而是贾宝玉无尽的爱和包容治愈好了林黛玉内心的创伤，

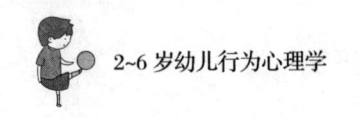

使她相信，贾宝玉足够爱她，她无须担忧。当内心没有焦虑时，林黛玉的行为自然就趋向正常了。

当幼儿身上出现退行行为时，我们的关注点不应该只是在幼儿身上，而是要反观一下自己，是不是我们在哪些方面还做得不够，让孩子的内心还没有足够的安全感。

父母不应以任何理由离开孩子

对于3岁以下的幼儿，父母不能以任何理由离开他们。因为他们还不能承受离别带来的伤害，也不理解父母离开他们的客观原因。我们通常会认为3岁以前的孩子没有什么记忆，但是他们有感觉，被伤害的感觉会进入他们的潜意识，影响他们的心理和行为。所以，父母不能以任何理由（如离婚、到外地工作等）离开孩子，更不能突然离开。突然消失会让孩子产生被抛弃感，这种感觉是以后给孩子多少爱都无法弥补的，也常常是他们退行行为的根源。如果因客观原因必须要离开孩子，一定要告诉孩子你去哪里，什么时候回来。在这中间要跟孩子保持联络，经常给孩子打电话，或者时不时回来看看孩子。让孩子知道你只是暂时离开，并不是不要他了。

尽量做到不忽视孩子

如果家里突然来了一个别人家的小朋友，或者添了二胎或三胎，父母也要尽量做到不忽视原来的孩子。如果因为多了一个孩子而不能很好地照顾他，一定要告诉他："不是妈妈不照顾你，而是这段时间小宝宝更需要妈妈。但妈妈心里时刻都惦记着你。"总之，对待幼儿，人在，爱在，最好；人不在，爱也要在，次好。

包容孩子的退行行为

如果孩子身上已经出现了退行行为，不要随便斥责他们，因为越斥责，他们可能会越"退行"。而是要先包容他们的退行行为，然后尝试寻找原因。如果是因为自己一时忽视，那么迅速补回来，把孩子抱在怀里安抚。一般这种情况，孩子的退行行为会很快消失。

但如果是严重的退行行为，幼儿心中已经积累了较大的伤害，父母可能要做出更多的努力，可以先从无限度地包容孩子的退行行为开始：如果孩子出现了不符合他实际年龄的对妈妈的依恋，那就满足他；如果孩子任性发脾气甚至"胡作非为"，那就允许；如果孩子攻击自己，尽量去承受。如果不能承受，就告诉孩子自己的感受，但不要指责孩子。允许孩子胡闹一下或一阵子，当他确认爸爸妈妈足够爱他的时候，他的退行行为就会渐渐消失。然后，用无尽的爱温暖他，治疗他心中的创伤。虽然过去的爱现在难以弥补，但是，现在的爱可以医治曾经受到的创伤。

孩子的退行行为其实是对父母的一种提醒，提醒父母忽略了他、伤害了他、还不够爱他。同时也是一种试探，试探父母是不是真的爱他、足够爱他。所以，只有更多的爱才能让孩子的退行行为消失。

06 安全行为：

安全感是孩子天生追求的心理感觉

　　幼儿天生缺乏安全感，渴望父母永远在身边，渴望父母永远只爱自己，一旦事实违背自己的这种感觉，他们就意识到了危机，并通过行为把这种危机感表现出来。但幼儿并不是完全离不开父母，如果父母能给他们健康的、安全的依恋模式，他们也能顺利度过这个时期。所以，足够爱孩子，给孩子更好的爱，让他们的内心足够安全非常重要。

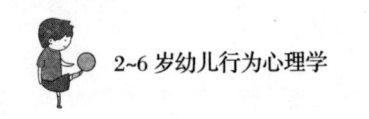

走到哪里都带着洋娃娃：熟悉是一种安全感

网络上有个博主，喜欢晒她的小孩，小孩三四岁，非常可爱，经常在自己家的院子里玩耍。但我观察到一个"奇怪"的现象，无论在室内、室外还是出门旅行，这个小孩手里总是抱着一个枕头。妈妈晒的每张照片里几乎都能看到这个小枕头，而且这种现象持续了很长时间。

有网友忍不住问："为什么她总是抱着这个枕头呀？在外面玩也带着这个枕头，多不方便呀。""她是不是有强迫症？妈妈是不是应该干预一下？"

这位妈妈是这样回答的："这个枕头从她一出生就伴随着她，从来没有分开过，比我陪伴她的时间都长。我想，这个枕头已经成为她的一部分，带着它，她才有安全感。我觉得这不是什么强迫症，应该是特殊时期的特殊情结，就让她带着吧。"

果然，又过了一段时间，这个小枕头消失不见了。照片里，只有小女孩和大自然嬉戏，那个曾经不离她左右的小枕头，就这么自然而然地离开了她。

这不是个别现象，你一定听到过身边的人这样说：我的儿子走到哪里都要抱着那辆小汽车，我的女儿走到哪里都要带着那个毛绒玩具，走到哪儿带到哪儿，不让带就哭。这个玩具不见得是他玩具里最漂亮、最好的，可他一定要带着这个，这是为什么呢？

英国作家戴比·格里欧瑞在他的绘本《弗洛拉的小毯子》里告诉了我们答案：小兔子弗洛拉超级喜欢一块印着胡萝卜图案的小毯子，晚上睡觉都要盖着这块小毯子。突然有一天，小毯子不见了！弗洛拉非常难过，它不吃也不睡，一定要找到这块小毯子。哥哥姐姐拿来了自己的小毯子给它，但是它不要，它一定要找到自己那块印着胡萝卜图案的小毯子。最后，终于在爸爸妈妈的枕头下找到了这块小毯子，小兔子弗洛拉满足地抱着这块小毯子睡着了。

上面案例中小兔子弗洛拉为什么一定要找到自己的毯子？因为那块毯子对弗洛拉来说，不仅仅是一块毯子，更是一种安全感、熟悉感、归属感。最后，小毯子在爸爸妈妈的枕头下找到了，会不会是弗洛拉故意放在爸爸妈妈的枕头下面的？因为它不仅要盖着小毯子睡觉，还要睡在爸爸妈妈的床上，小毯子再加上爸爸妈妈的怀抱对他来说是双重的安全感。

所以，小毯子、小枕头、汽车、毛绒玩具都代表着"安全感"，熟悉的事物、熟悉的味道会让孩子感到安心。

"安全毯"可以是各种东西，"安全毯"时期也可短可长。

在一个综艺节目中，我发现著名运动员傅园慧身上一直戴着一个毛茸茸的、类似彩带一样的东西，她旁边的人也发现了，和我一样觉得很奇怪，就问傅园慧的爸爸这是什么东西，为什么从早到晚都带着这个。傅园慧爸爸讲，这个东西叫"momo"，是傅园慧从小就戴着的东西，除了下水游泳，傅园慧一般都会戴着。我突然意识到，这个"momo"不就是傅园慧的"安全毯"吗？你看，强大的运动员也需要"安全毯"，何况幼儿呢？

在影视作品中，也经常出现"安全感"。

电影《这个杀手不太冷》中，主人公小女孩的父母被杀害了，小女孩要被迫逃离这个家，她带走了家里的一盆植物，无论走到哪里她都要带着那盆绿色植物，即便生命安全受到威胁时，她也不肯放弃。

对小女孩来说，这盆植物何尝不是她最后的"安全感"？家破人亡，她的安全感、归属感都被破坏了，唯独这盆植物是她对家最后的依恋。

成人的世界里也会有"安全毯"，当我们搬家的时候，当我们离开熟悉的城市时，是否总要带走一两样熟悉的东西？

所以，当幼儿身上出现这种行为时，千万不要觉得奇怪、莫名其妙、固执，甚至是某种"症状"，这不过是一种再正常不过的现象。

但是，还是要思考，为什么有的幼儿没有"安全毯"行为，有的却有。尤其是为什么有些成人身上还会出现这种行为？

给孩子足够的安全感

傅园慧很小就离开家到体校生活，电影中的小女孩失去

06 安全行为：安全感是孩子天生追求的心理感觉

了父母，她们都是缺少父母关爱、缺乏安全感的孩子，因此都有强烈的"安全毯"情结。走到哪里都带着小枕头的小女孩，我们不确定她是否缺少父母的爱，但幼儿普遍缺乏安全感。所以，"安全毯"行为的真正原因是幼儿的内心缺乏安全感。那么父母能够做的就是给他们足够的安全感，多陪伴、多交流、多拥抱、多表达对孩子的爱，给他相对固定的生活环境，这样幼儿身上很可能就不会出现这种行为。

不用刻意纠正幼儿的这种行为

傅园慧那么大了还要戴着"momo"，电影中的小女孩在生死逃亡中还要带着绿植，假如身边的人要求她们"不许带"，那该是多么残忍的事情。正因为亲人知道这个东西对他们来说多么重要，才宁可麻烦也允许他们带着。那个走到哪里都带着小枕头的小女孩的妈妈也是这样，她没有去纠正这种看似不正常的行为，而是顺其自然，等孩子渐渐长大，内心有了更多的安全感，这个行为就自然消失了。大部分的幼儿都会自然度过这个时期。

无需刻意纠正幼儿的这种行为，更无需恼怒、焦虑、粗暴地干涉幼儿的这种行为，甚至要保护孩子的这种行为。假如孩子去幼儿园也想带着他最爱的玩具，何不就让他带着，并和老师说好，让老师也一起保护孩子这种行为。

寻找安全感是人的本能，我们不能与人的本能为敌，那一定会很痛苦。假如孩子的行为没有对自己或他人造成伤害，我

109

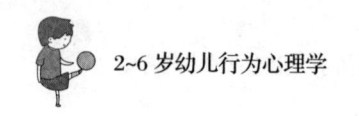

们就无需刻意纠正，不必因为它是少数行为就强迫孩子改变。我们更应该做的是满足孩子行为背后的心理需要。

黏人：未形成安全依恋

幼儿园门口，家长特别是妈妈去接孩子时，孩子一般有三种反应：

一种是，看到妈妈在门口，笑逐颜开，放下手里的东西朝妈妈扑过去，然后紧紧地抱住妈妈；一种是，看到妈妈在门口，没什么反应，仍然玩手里的东西；还有一种是，看到妈妈在门口，显得有些矛盾，看了看妈妈，想过去，但又有些犹豫。

第一种叫作安全型依恋。安全型依恋指的是父母离开时，幼儿会表现出明显的苦恼和不安。但当父母回来时，他们能够立即寻求与父母的亲密接触。他们和父母在一起时，能在陌生的环境中进行积极地探索和玩耍，对陌生人的反应也比较积极。只要父母在视野内，他们就能安心地游戏和玩耍。他们为何能如此有"安全感"呢？心理学家武志红说，因为在成长的过程中，他们向妈妈发出的渴望，得到了比较一致的积极回应，从而确信自己是受妈妈欢迎的。

第二种叫作回避型依恋。回避型依恋指的是妈妈离开时，幼儿并无明显的忧虑表现。妈妈回来时，他们也不怎么理睬。

06 安全行为：安全感是孩子天生追求的心理感觉

虽然有时也会欢迎，但是很短暂。这类幼儿给我们的感觉是，他们不怎么黏人。其实是未形成安全型依恋。原因是，孩子向妈妈发出的渴望，得到了一贯冷漠的回应，阻挡了孩子继续向妈妈表达渴望。

我有一个朋友的女儿就是标准的回避型依恋。她不喜欢和妈妈出门玩耍，妈妈出门和她说再见，她经常连头都不抬一下。即使在家里，她也很少黏在妈妈身边。因为在她3岁时，妈妈曾经离开过她较长一段时间。在这期间，她被爷爷奶奶、姑姑等不同的人抚养。这种情况下，她的渴望很难得到及时、稳定、热情的回应，更没有机会向妈妈表达渴望，因此对妈妈没有形成安全型依恋。

第三种叫作反抗型或矛盾型依恋。这类幼儿在妈妈要离开时会惊恐不安、大哭大叫。当妈妈回来时，也会寻求与妈妈的接触。但当妈妈去抱他时，他又会挣扎反抗，还会发怒。他们对妈妈的态度是矛盾的。即使妈妈在身旁，他们也会感到不安全，不能放心大胆地去玩耍。其形成原因是，孩子从妈妈那里得到的回应，有时是热情积极的，有时是冷漠的，于是孩子对妈妈的情感表达矛盾了起来。对此，我个人的理解是，幼儿对妈妈的反抗其实是一种谴责，谴责妈妈为什么有时对自己不够热情。

我的依恋方式就倾向于矛盾型。因为小时候妈妈虽然对我的生活照顾有加，但由于家务繁忙，她很少给予我高质量的陪

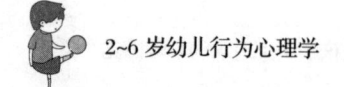

伴，大部分时间我都是独自玩耍。

简单地说，安全型依恋就是，父母在的时候依恋父母；父母不在的时候能独自探索世界；回避型依恋则是，父母在不在都无所谓，他们基本上不依恋父母；矛盾型依恋则是，既依恋父母，又抗拒父母。

幼儿一般属于这三种中的一种。有的孩子表现则不太稳定，会在这三种中不断切换，叫作紊乱型。

幼儿若形成了安全型依恋，无论父母在不在，他们都能安心地去探索世界。在一个亲子综艺节目中，我就看到了这样的情形。

几个2～6岁的孩子被安排单独去完成一项任务，这期间请爸爸们消失几小时。得知这个规则后，孩子们都感到很意外，纷纷表示不想离开爸爸。但在爸爸们的劝说下，大部分的孩子虽然有些情绪，但还是接受了这个安排，并且在爸爸消失的几小时内情绪稳定，该干吗干吗。完成任务回到爸爸身边后，也能快乐地向爸爸诉说这几小时的经历。

但有些孩子就不同，得知必须离开爸爸后，他们号啕大哭。在离开爸爸的时间内，他们几乎没有心思做任务，几次哭着要爸爸。回来见到爸爸后，也是抱着爸爸哭泣。这几个孩子，即使平时爸爸在的时候，他们也非常不安，要时刻黏在爸爸身边。偶尔离开一会儿，也会一步三回头，确认爸爸是不是就在离自己不远的地方。

06 安全行为：安全感是孩子天生追求的心理感觉

后面这几个孩子就是未形成"安全型依恋"。很明显，安全型依恋是一种健康型依恋，它能使幼儿很好地与父母建立起亲昵的关系，同时又能承受与父母的分离。在幼儿园门前情绪稳定地与父母挥手，能够接受与父母分床睡等要求的孩子，都是因为形成了安全型依恋。回避型依恋和矛盾型依恋则无法使幼儿与父母建立起健康的亲密关系。

安全依恋非常重要，也是因为，它是幼儿长大后与伴侣的依恋类型，影响着我们与伴侣的亲密关系。如果我们仔细体会，就会发现，我们与伴侣间的依恋类型也是或曾经是这其中的一种。

所以，我们有必要帮助孩子形成安全型依恋。

我们需要了解婴幼儿依恋心理的发展过程。婴儿出生后，如果妈妈高频并积极回应婴儿的需求，婴儿就会逐渐对妈妈产生依恋心理和行为。大约从半岁开始，婴儿的这种心理逐渐清晰，看到妈妈就满足，离开妈妈就焦虑。这个时期，如果妈妈处理得当，将会帮助孩子形成安全型依恋。那么在3岁左右，他们就逐渐能接受与妈妈分离，并习惯与同伴或陌生人交往。假如在3岁之前未形成安全型依恋，在6岁之前还可以弥补。

具体如何帮助幼儿形成安全型依恋呢？

积极回应幼儿的每一个需求

这是形成安全依恋的最重要的因素。婴幼儿向妈妈发出的每一个渴望，都得到了妈妈积极、热情的回应，从而满足了婴幼儿的全能自恋，使他确信自己是受妈妈欢迎的，甚至是受这个世界欢迎的。妈妈是幼儿心理上的"安全岛"和快乐源泉，如果这个源泉是稳定的，只要在他需要的时候，就能提供，那么幼儿就会对妈妈形成安全依恋。所以，妈妈要能敏锐地对婴幼儿的渴望做出反应，并尽量满足。例如，每一次哭泣，每一次发怒，每一次想要什么、想吃什么，妈妈都要积极回应，尽量满足。婴幼儿对妈妈微笑、注视、咿呀说话，妈妈都要积极、热情地回应。在高质量的养育和陪伴下，幼儿就比较容易形成安全依恋。

妈妈不要不打招呼突然消失

在生活中，有些父母为了防止孩子哭闹，会在孩子不注意的时候偷偷离开，却不知这样做非常破坏孩子的安全感。尤其是1岁之前的孩子，他们还没有客体意识，认为自己和妈妈是共生的，妈妈的突然消失会让他们觉得自己的世界破碎了。如果消失的时间很长，对孩子的伤害几乎是无法弥补的。所以，这一点对孩子形成安全型依恋的破坏性太大了。

我有一个朋友在这方面就做得很好，孩子出生后，她每次出门的时候都跟孩子说，妈妈干吗去了，多长时间会回来，你要耐心地等妈妈。虽然刚开始孩子不明白，还是会哭闹，但她坚持这么做，现在，孩子1岁多，基本上没有分离焦虑。

除了出门时要向孩子打招呼，平时在家里如果不能陪伴孩子也要告诉孩子："妈妈现在要做饭，不能陪你玩，等妈妈做完

06 安全行为：安全感是孩子天生追求的心理感觉

饭再陪你玩。"同时也要实现诺言，做完饭要真的陪孩子玩。

这样孩子会渐渐明白：妈妈会离开，但也会回来；我和妈妈是两个人，妈妈有她的事情做，但妈妈是爱我的。因此，他的内心是充满安全感的，并对妈妈充满信任。也因此渐渐建立起客体意识，走出和妈妈的共生关系。

让孩子逐渐适应分离

如果能很好地做到以上两点，幼儿在两三岁以后就可以坦然地接受与妈妈短暂分离。而在这之前，我们可以尝试用游戏的方式，让孩子体验分离。例如，对孩子说，我们现在做个游戏，妈妈到另外一个房间待半小时，在这期间你如果不哭也不闹，妈妈会奖励你一个小玩具。等孩子能接受这种分离了，再把分离的环境和时间"升级"，如到户外待一小时。用这种渐进的方式，让孩子渐渐接受与妈妈的暂时分离。

当幼儿黏人时，积极安抚，拒绝冷漠

幼儿黏人并哭闹时，妈妈要用肢体语言和充满情感的口头语言积极安抚，切忌不理睬、训斥等冷漠的处理方式。否则，将会使孩子不敢再发出渴望，最终形成回避型依恋或反抗型依恋。

不要把外面的世界描述得很可怕

在安全依恋中长大的孩子敢于探索外面的世界，但如果父母把外面的世界描述得过于可怕，就会使孩子失去探索世界的勇气。出于安全考虑，父母会提醒孩子不要随便和陌生人接

115

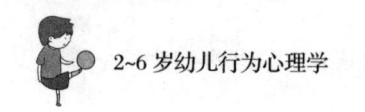

触:不要随便和陌生人说话,也不要随便到外面去,外面的人都是坏人、魔鬼、大野狼!这么一说,孩子彻底不出去了,更加依赖父母。所以,对外面的世界,父母要有客观的描述,既要让孩子小心危险,又要鼓励他们勇于探索。

有相对固定的生活环境和抚养人

这一点也是破坏幼儿安全依恋的重要原因。就连成人不停地换环境也会不适应,甚至没有安全感,何况幼儿。幼儿需要一个相对固定的住所,更需要一个固定的抚养人。不停地换抚养人,不利于幼儿对他们形成信任感,幼儿不敢轻易发出自己的渴望,需求就无法得到很好的回应。所以,幼儿在3岁之前,最好由妈妈更多地陪伴,爸爸、爷爷奶奶或外公外婆来辅助。

安全型依恋必须在有序的成长环境中才能形成,这种有序包括稳定的住所,稳定的抚养人,稳定的爱,这样,幼儿的内心才可能是完整的、充满安全感的。在这个基础上,幼儿才能承受离别,并心无旁骛地去探索。并且,在这种有序的、充满爱的关系中,他学会了什么是好的关系,这对他的一生都会有很大的帮助。

我不要弟弟或妹妹:妈妈的爱可以无穷多

二胎和三胎政策陆续开放以来,很多家庭都可能有两个孩子或三个孩子，但都会遇到了一个共同的难题：老大身上开始出现各种争风吃醋的行为。

出生前：

"我不要弟弟妹妹，不许你们生！"

"我不想要弟弟妹妹，有了弟弟妹妹，你们就不爱我了！"

如果你安抚他："有了弟弟妹妹，你就会多一个玩伴呀！"或许他会勉强答应。但孩子出生后，他身上仍然会出现讨厌弟弟妹妹，甚至伤害弟弟妹妹的行为。

一个电视节目里，一个4岁的哥哥在弟弟出生以后就变得没有那么乖了。妈妈知道他对弟弟的出生有情绪，为了缓和他的情绪，让他喜欢弟弟，有一天，妈妈对他说："你看弟弟多可爱，你来抱抱弟弟。"哥哥接过弟弟，认真地看着，妈妈心里一阵高兴，看来哥哥对弟弟没有那么排斥。谁知，哥哥突然把弟弟往她手里一扔："哪里可爱了！我不喜欢他，把他送走！"

妈妈吓了一跳，连忙伸手接住弟弟，如果不是坐得近，弟弟就被哥哥摔到地上了。

妈妈非常烦恼，怎样才能让哥哥接受弟弟，喜欢弟弟呢？

当然，不是所有的哥哥都这样。

有一个6岁的哥哥就很喜欢自己的妹妹。妹妹的第一次站立、走路都是在哥哥的鼓励下学会的。平时，他也喜欢和妹妹一起玩耍、看书。在学校里，他也经常炫耀自己的妹妹。但是，有时候，他也会和妹妹争风吃醋。那一天，是妹妹的1岁生日，妈妈宴请了很多亲朋好友，每一位亲朋到来后都直奔妹妹："哇！好漂亮呀！好可爱呀！"然后送上给妹妹买的礼物、红包。哥哥的嫉妒和愤怒渐渐开始滋生：没有人理我，没有人夸我，没有人给我礼物，没有人喜欢我……

菜上桌了，哥哥把筷子往桌子上一扔："没有一个我爱吃的菜！"

妈妈一惊："没有吗？十几个菜你都不爱吃？"

"不爱吃！"他嘟着嘴。

"你想吃什么，妈妈马上点。"

"阳春面！"

阳春面做好了，哥哥面无表情地吃着阳春面。

亲朋好友们依然热情地夸奖着妹妹，祝福着爸爸妈妈："你们可真幸福呀！都说女儿是妈妈的小棉袄，最心疼父母了。""现在你们儿女双全，真好呀！"

正在气氛一片祥和之时，哥哥把筷子又一扔："我给大家表演个葫芦丝。"

妈妈又一惊，他的葫芦丝吹得可不咋样，平时在家里吹，爸爸都偷偷地说像驴叫。在这么多亲朋面前表演，能好听吗？又想，为什么在这个时候要表演葫芦丝呢？他不是一个表现欲很强的孩子呀。

但儿子已经开始表演了，他表演得很认真，得到了一些亲戚虚伪的夸奖，也得到了一些否定："你这吹的是什么呀，还

06 安全行为：安全感是孩子天生追求的心理感觉

不如驴叫，快别吹了，小心吓着妹妹。"

"啪！"他把葫芦丝往地上一扔，号啕大哭起来，那哭声好像是经受了很大的委屈。

哥哥的心情我们多少都能够理解，就算是感情深厚的兄妹俩，哥哥在明显被忽视的情况下，也会产生失落、嫉妒、难过等负面情绪以及争风吃醋的行为。而且，这位妈妈已经尽量照顾哥哥的感受了，但妈妈没办法控制其他人说什么、做什么。像这样的情况，以后难免还会遇到。

面对以上这些行为，父母应该怎么做，才能有效避免，并让老大和老二、老三和谐相处？

弟弟妹妹出生前，为老大做好各种心理建设

对处于全能自恋期、习惯了独享父母之爱的幼儿来说，当他们意识到有人即将分走父母对他们的爱时，他们的内心是恐慌的、没有安全感的。他们可能会觉得，有人就像抢夺他们的玩具一样，会把他们的爸爸妈妈抢走。他们甚至会认为爸爸妈妈不再爱自己。那么我们首先要解决的就是这个问题，在弟弟妹妹出生前就要为他们做好各种心理建设。

"爸爸妈妈想给你生个弟弟或妹妹，你觉得怎么样？"

"不怎么样，不行！"

"为什么呢？"

孩子的理由可能不同，但最主要和最重要的一条理由应该是这个："有弟弟妹妹，你们就不爱我了。"

父母要打消孩子的这个顾虑："弟弟或妹妹出生后，可能爸爸妈妈要花更多的时间和精力照顾他，但这不是不爱你的表现，只是因为他小，更需要照顾。你小时候，爸爸妈妈也是这么照顾你的。弟弟或妹妹确实分走了爸爸妈妈的一些时间和精力，但分不走爸爸妈妈对你的爱，因为爸爸妈妈对你们的爱无穷多，并且一直都在增长。所以，弟弟妹妹出生后，爸爸妈妈只会更爱你。"

只有让老大在弟弟妹妹出生前就从内心接受他（她），才能较好地解决弟弟妹妹出生后产生的冲突。为了让老大更好与未来的弟弟妹妹建立感情，妈妈可以让他陪伴自己产检、经常听听自己的肚子、和自己一起准备弟弟妹妹即将使用的物品等，也可以和他讲一些他们之间的共同点，比如流着共同的血液、有共同的基因等，让他觉得，这个小生命是跟自己有关系的。

"爸爸妈妈要再生一个宝宝，他们不要你了！"有人喜欢跟孩子开这种情商特别低的玩笑。如果孩子不幸听到这种话，父母不能置之不理，而是应及时纠正："他是开玩笑的，他的话不是爸爸妈妈的想法，爸爸妈妈不可能不要你、不爱你。"同时最好当着孩子的面对开玩笑的人进行斥责。

也可以有一些这样的表达："爸爸妈妈就是觉得你太可爱了，才想再生一个这样的你。"那么孩子就会觉得，这个弟弟妹妹不是别人，是自己的延续。而父母生弟弟妹妹这件事是对他最大的肯定。

弟弟妹妹出生后，可以邀请孩子跟父母一起照顾

其实幼儿是愿意照顾比自己弱小的人的，因为从中能够得到一种成就感和长大感。例如，幼儿喜欢玩"过家家"游戏，经常把自己当成妈妈，把布娃娃当成孩子来照顾。父母可以利用他们这种心理，邀请老大和自己一起照顾弟弟妹妹：

"哎呀！妹妹尿了，你能把抽屉里的尿不湿拿过来吗？"

"弟弟哭了，妈妈在忙，你给他一个玩具，陪他玩一会儿。"

当孩子完成这些事情时，要多肯定他们的行为。如果没照顾好，也不要随意批评，而是要告诉他们正确的做法是什么。

父母一方，各倾斜照顾一个孩子

老二或老三出生后，妈妈自然要更多地关注小宝宝，爸爸以及其他家人的注意力也会更多地集中在小宝宝身上，短时间内对老大的忽视肯定是有的。而孩子通常会很敏锐，心中难免会失落。这时，爸爸妈妈就要尽快调整状态，根据自己的家庭情况，合理安排对孩子们的照顾。如妈妈更多地照顾小宝宝，爸爸更多地照顾老大，老人根据情况协助他们。

在这个时期，老大身上很容易出现"退行"行为，就是动不动就哭闹，甚至尿裤子、尿床等低于自己心智发展水平的行为。这是因为他看到小宝宝的这些行为能吸引父母的关注，所以也采取这种方式期望获得父母的关注。对于这种现象，父母不要轻易责骂，而是要告诉孩子你不需要这么做，爸爸妈妈会尽量抽出更多的时间来陪你。当然，父母要说到做到。孩子从父母这里得到了足够的爱，自然就会回归到自己正常的心智水平。老大毕竟也是孩子，父母不能期望小的一出生，他们就自动升级为大哥哥或大姐姐，变得非常懂事，这是需要过程的。

给小的买礼物，别忘了大的

小宝宝出生后，需要添置很多东西，父母会经常为小宝宝买东西，来探望的亲友也大多是给小宝宝带礼物，这肯定会让老大心里不平衡，因为以前，这所有的东西都是他的。父母可以拜托亲友多关注老大，但没办法干涉人家送不送礼物、送礼物给谁。所以，只能是父母做到，在给小的买礼物时，也给大的买一个，哪怕是很小的礼物，也会让老大觉得，爸爸妈妈并没有忽视他。

父母做到以上这些，也许不能完全杜绝老大的不良情绪和行为，但可以缓解很多。

07 游戏行为：

幼儿体验生活的独特方式

　　幼儿的生活中游戏无处不在，但幼儿的游戏可不是"瞎玩"，他们要么在体验生活，要么在实践想象，要么在展示对事物的认知，总之，幼儿的游戏行为跟学习融合在了一起。这种有趣的方式让幼儿乐此不疲，他们通过这种方式快乐地成长。幼儿的游戏欲望越强烈，代表着他们的成长欲望越强烈。

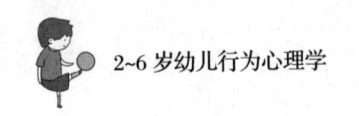

角色扮演、假装游戏：实现现实中不能实现的愿望

世界上的一切对幼儿都是新奇的，他们无时无刻不在观察、模仿、感觉、体验、学习，就连他们最爱玩的游戏也是一种学习。例如，角色扮演游戏。

"妈妈，我走不动了，你抱着我！"

"那咱们变成小汽车，一起跑回家吧？"

"不！我要变成小飞机，一起飞回家！"

一次在路上听到这样的对话，忍不住想给这样的妈妈点赞！妈妈并没有给孩子讲大道理：好孩子应该坚持自己走回家，你要一不怕苦，二不怕累，要勇敢。而是用游戏的方式，让孩子高高兴兴地自己"飞"回家，说不定还得比妈妈"飞"得快呢！

游戏为什么有这样的魔力，让一个看起来很累的孩子，重新焕发活力，也让孩子们不知道疲倦地从早玩到晚？

因为游戏可以满足孩子在现实中无法实现的愿望，现实中不可能变成汽车、飞机这些事物，但在游戏中却可以，好玩、有趣使他们忘却了疲累。

扮演人物更能让孩子体会到这一点。

"俺老孙来也……"

和朋友约好吃饭，人还未到先闻其声，只见一个小男孩挥舞着武器冲到我的面前。他腰系虎皮裙，手持金箍棒，精神抖

07 游戏行为：幼儿体验生活的独特方式

撒，威风凛凛。

朋友赶快跟上来解释："儿子看了《大闹天宫》的动画片，非说自己是孙悟空，闹着要我们给他买孙悟空的装扮和金箍棒。孩子喜欢得不得了，连去幼儿园都要穿着，张口就是'俺老孙……''妖怪别走！'"

说话间，孩子不知道看到了什么，挥舞着金箍棒就追了过去，我们俩赶快跟上……

在生活中，在成人面前，孩子是弱小的，父母总说，你还小，还不能这样，不能那样，等你长大了就可以了。因此，变强大、快点长大成了孩子的梦想，但这个梦想无法立刻实现。而扮演动画片中那些强大的角色，孙悟空、超人、蜘蛛侠……就间接实现了他们的梦想。其实成年人有时也是如此，在虚拟的世界满足自己的渴望，如成为英雄的梦想，以前是通过武侠小说，现在是网络游戏。

我们每个人都有很多梦想，因为不能一一实现，多少会有些失落，而角色扮演游戏可以部分修复我们失落的心情。

除此之外，游戏也是一种学习行为。这一类的角色扮演游戏，无论是扮演汽车、飞机，还是孙悟空、超人、蜘蛛侠，都需要幼儿在扮演的过程中体会角色的功能（能力）、特点、情感，甚至人生观、价值观等，比如孙悟空的除恶扬善，超人和蜘蛛侠的拯救世界等。

有些角色扮演游戏还可以让幼儿体会自己与自然、世界的

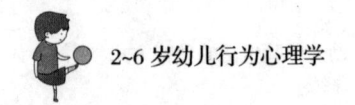

关系。

　　孩子们非常喜欢魔法棒游戏，经常模仿会施展魔法的小仙女。"变！"孩子指着纷飞的大雪。"再变！"孩子又指着大雪中飞下的一片落叶。"变变变！"孩子指着白色的房顶，"我就是会变魔法的小仙女。"他们陶醉不已，表情一本正经，认为这些自然现象都是他们变出来的。其实，他们是在这个过程中体会自己和自然的关系，并摸索着想象和现实的区别。

　　幼儿非常喜欢大人为他们读故事书，还必须用角色的语气、声音来给他们读，就是想体会角色的性格、情绪、感受等。

　　还有一种游戏和角色扮演有点类似，就是假装游戏。

　　"走了，我们去打妖怪。"5岁的哥哥拿起家里的晾衣杆叫弟弟。晾衣杆就是他的金箍棒。

　　"可是，家里没有妖怪。"3岁的弟弟说。

　　"假装嘛，假装。"哥哥说。

　　"好的。"弟弟找了半天，找到一个挠痒痒，"这就是我的金箍棒！"

　　"哈哈，好的。"

　　有时，他们也玩这样的假装游戏。

　　"我的小船来了，哥哥，你要不要坐？"弟弟拿了一片树叶放在小水沟里。

　　"好的，我要坐船到北京去。"

　　"那请你买船票，1块钱一张船票。"

07 游戏行为：幼儿体验生活的独特方式

"好的，给你1块钱。"哥哥拿起一个纸团放在弟弟手里。

"出发咯！"

这样的游戏看起来很简单，其实也要启动孩子的思维。例如，假装孙悟空打妖怪，首先要有合适的东西做道具，同时自己还要设定简单的剧情，打不到妖怪什么反应，打到了又要有什么反应，堪称自编、自导、自演一出戏，非常考验孩子的各种能力。假装坐船去北京，则非常考验孩子的想象力，以及观察模仿现实的能力，如知道坐船要有船票。而且，假装游戏必须要共同参与的幼儿也明白这是假装游戏才能进行。否则，他会固执地认为家里没有妖怪，而使这个游戏进行不下去。

所以，游戏也需要幼儿达到一定的思维水平才能进行。同时，孩子的游戏不是单纯的游戏，而是一种广义的学习。

父母和孩子角色互换

让孩子做爸爸、妈妈，模仿爸爸妈妈说话、做事、照顾父母，甚至可以一本正经地板起面孔教训父母。或者给父母讲故事，体会父母的职能、性格、感受等，父母来当孩子。也可以让孩子来充当老师，教父母玩橡皮泥、画画、玩具、游戏等他们擅长的事情，并要想尽一切办法教会父母。让孩子在这个过程中感受自己的能力，锻炼自己的表达能力、逻辑能力等。

支持孩子的角色扮演游戏

在态度上要支持。孩子在玩角色扮演游戏时，可能会比较闹腾，或者在大人看来比较幼稚，父母不要因此而制止或打击

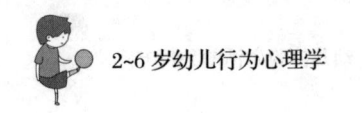

他们，应尽量允许他们玩耍。另外，在行动上要支持他们。例如，玩角色扮演需要一些道具，父母可以帮孩子制作或购买，或者让孩子一起参与制作，这对孩子也是一种学习和锻炼。

和孩子一起进行角色扮演

可以有简单的参与，如语言上的参与，孩子在床上翻了个跟头："俺老孙来也！"你可以说："哇！你好厉害呀！一下子从火焰山飞到了水帘洞。你看，你的猴子猴孙们都等你好久了。"也可以有深度地参与其中，如加入孩子的游戏。孩子扮演孙悟空，父母不妨扮演一下妖怪；孩子扮演会施魔法的魔法棒，父母不妨扮演一棵大树。

深度参与到孩子的游戏中，不但能满足孩子现实中不能实现的愿望，培养孩子探索世界的好奇心，让他们更好地玩耍和学习，还能让亲子关系更亲密和谐。

捉迷藏、找东西：锻炼孩子的双向思维能力

婴儿时期，很多父母喜欢和孩子玩"躲猫猫"的游戏。妈妈用双手遮住自己的脸，说道："妈妈不见了！"然后从指缝间偷偷观察孩子的反应。如果是3个月以内的孩子，可能会大哭。于是妈妈连忙松开双手露出脸庞，叫道："妈妈回来了！"婴儿停止哭声。如果是3个月以上的婴儿，则会比较淡

定。等妈妈把手放开，他们会乐得呵呵直笑，并期待着妈妈再次把脸遮住。

为什么3个月以内的婴儿会哭呢？因为3个月以内的婴儿还没有发展出客体永久性。客体永久性是心理学家皮亚杰提出的一个心理术语，指的是当客体（自己是主体，自己以外的事物是客体）从自己眼前消失时，儿童仍然知道他是存在的，只是暂时消失了而已。皮亚杰认为，婴儿9~12个月才能获得客体永久性。但也有研究者认为，3~4个月的婴儿就具备了客体永久性。所以，3个月以内的婴儿看到妈妈把脸遮住了，就会以为妈妈真的消失了。而3个月以上的婴儿则知道妈妈并没有消失，妈妈的脸就藏在妈妈的手后面，而且他知道妈妈的手一定会拿下来，妈妈的脸一定还会出现在他面前。同时他们也知道，即使妈妈真的离开，也还会回来。

所以，通过玩这个游戏，可以测试婴儿是否具备了客体永久性。

如果孩子具备了客体永久性，父母就可以和孩子玩另外一个游戏了，就是幼儿经典游戏——捉迷藏。

捉迷藏是躲猫猫游戏的升级版，躲猫猫是人的脸不见了，捉迷藏是整个人都不见了。寻找游戏是幼儿乃至成人都非常喜欢玩的游戏之一。它具有一定的神秘性，满足了人的探索欲，当找到的那一刻孩子会非常有满足感和愉悦感。

幼儿玩捉迷藏游戏时的一些行为非常有趣，让人忍俊不禁。

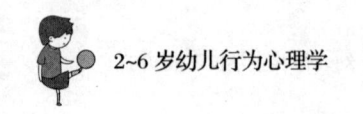

"妈妈，你藏好了吗？"

妈妈不吭声。孩子在房间里走来走去，跑来跑去，他已经转了几圈，还是没找到妈妈，但他没有气馁。妈妈忍不住推了推门，这给了孩子提示，他走到门后，妈妈立刻跳了出来："哇！你太厉害了，这么快就找到妈妈了。"孩子哈哈大笑。

"妈妈，现在该我藏了。"

"好的。"

藏到哪里呢？他在房间里转来转去，看到了床上的被子，立刻钻了进去。

"藏好了吗？"妈妈问道。

"藏好了！"孩子大声回答。

妈妈循着声音很快就找到了他，"扑哧"笑了，他只是用被子蒙住了脸，腿和脚还露在外面。

这就是幼儿玩的捉迷藏游戏。虽然他们具备了客体永久性，但是他们的思维还非常简单，他们不知道声音也会暴露位置，认为只要自己看不到他人，他人就看不到自己，所以只需要把自己的脸藏起来就好了。这说明他们的思维还是单向思维，和掩耳盗铃一样。这些行为看起来非常可爱、可笑，但也说明了幼儿的思维发展水平。

为了锻炼幼儿的思维发展水平，使他们具备双向的思维能力，父母可以和孩子玩藏东西的游戏。例如，把几个具有同样特征的卡片藏在家里不同的地方，既不要太难找，也不要太

容易找。幼儿集齐几张卡片就可以获得一个礼物或者另外一个游戏的优势，这对幼儿非常有吸引力。很多综艺节目里都有这样的设置，成人都玩得不亦乐乎。因为要找到东西，先要推理："会藏在什么地方呢？"需要去揣测藏东西的人的心理，这样就锻炼了孩子的双向思维能力、推理能力、逻辑思维能力等。

为了让游戏更刺激，还可以加入竞赛机制，父母和孩子同时找。让爸爸藏东西，妈妈和孩子同时找，为了公平，可以设定妈妈找到三个只能算一个。幼儿为了赢过妈妈，会更加积极地去找东西。低龄的幼儿可以难度小一点，把东西藏在一个房间；高龄的幼儿难度适度大一些，把东西藏在几个房间。也可以有其他更加细节的设置，如在卡片上设置一个简单的问题，幼儿回答出来才算找到一张卡片。这样这个游戏的内容就更加丰富，也会让幼儿觉得更有意思，同时还能学到知识。

捉迷藏、找东西游戏可以成为父母陪伴孩子的一个重要内容，因为它的设置可以非常灵活，无论多大的幼儿都可以玩耍，户内、户外都可以进行，父母的参与度也非常高，而且非常有趣。有很多老师把找东西游戏隐藏在课程内容中，非常吸引孩子。在陪伴孩子时，父母也需要花一点心思，而不是总干巴巴地坐着看孩子玩。

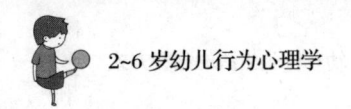

"过家家"：泛灵心理

三四岁的幼儿最喜欢玩"过家家"游戏。面对几个不会说话的布娃娃，他们念念有词："你是爸爸，你是妈妈，你是妹妹。你们现在饿吗？我给你们做饭吃……好吃吗？哎呀，吃到身上了，你怎么这么不小心呀……"听到这样的对话，大人们可能会哑然失笑。可就是这么"幼稚"的游戏，他们能玩几小时。

为什么幼儿喜欢和几个不会说话的布娃娃玩，而且玩几小时还乐此不疲呢？这源于幼儿的"泛灵心理"。所谓"泛灵心理"，就是幼儿认为这世界上的一切都有生命，和人一样的生命，所以他们常常把动物或物体当成人，如玩具、桌椅板凳，尤其是娃娃这种长相酷似人的东西。

"拟人性"，是幼儿思维的特点之一，他们认为自然万物都有像人一样的语言、思维、动作和生活，所以他们喜欢听童话故事，但并不认为那是童话，而是以为那是真实的生活。我教过一些六七岁的孩子写作文，他们好像天生就会写拟人句，什么"云在说话、牛和羊在聊天"，运用得非常纯熟自然。然而，越大的孩子却越少这样写。所以，儿童的年龄越小，泛灵心理就越明显。同时，他们也爱模仿动物、画动物。

可以肯定的是，泛灵心理对幼儿并无坏处，它是幼儿阶段正常的心理及思维发展模式。不但无害处，反而可以促进幼儿的思维发展，如帮助幼儿在物与物之间建立联系，幼儿通过"泛灵行为"对人的世界有更多的思考等。过了这个阶段，这种心理就会渐渐淡化并消失，幼儿就会明白，动植物等物体和人是不同的，童话和现实生活有很大的区别。

既然"泛灵心理"对幼儿有益无害，那么我们该如何利用它促进幼儿的成长呢？

利用"过家家"游戏让幼儿更好地了解生活

商家非常懂得利用幼儿的泛灵心理开发商品。我曾见过幼儿玩玩具听诊器、玩具炊具等，他们把自己当成医生、爸爸妈妈，把家人当成病人、小孩，一本正经地操作这些玩具，模仿医生工作和爸爸妈妈做饭时的动作、表情和语言，在这个过程中了解了医生如何看病、爸爸妈妈如何做饭，增加了对生活的了解，同时也锻炼了自己的思考能力和语言表达能力。其他的一些玩具、"过家家"游戏也可以达到这样的效果，比如自己当老师，让几个布娃娃排排坐当小朋友，一本正经地给"布娃娃"上课。这就锻炼了幼儿换位思考的能力、共情能力、与人相处的能力等。

所以，"过家家"以及其他一些类似游戏，可以使幼儿更好地了解生活。父母要尽可能给他们提供这样的条件和机会，给他们买一些这样的玩具，或者配合他们玩这样的游戏。

利用"泛灵心理"让幼儿养成更好的生活习惯或行为

泛灵心理使得幼儿喜欢听童话故事，喜欢小动物，并相信童话故事里的一切都是真的。那么父母就可以利用他们的这种心理和喜好，与他们进行沟通，对他们进行教育。例如，用拟人化的口吻与他们沟通，利用童话故事里的情节、语言来引导他们的行为。"你看，你刚看过的那本书里小兔子每天都刷牙，如果你不刷牙，小兔子可能就不喜欢和你做朋友了。"孩子未必听从父母的说教，搬出小兔子可能比父母的教育更管用。如此，帮助幼儿养成良好的生活、卫生、阅读等习惯。

利用"拟人性"让幼儿学习表达

既然幼儿有泛灵心理、喜欢小动物、相信童话，我们不妨让幼儿用这种方式学习表达。在玩"过家家"游戏时，让幼儿扮演老师、爸爸妈妈、其他小朋友或动物，模仿他们如何说话、如何沟通，并把角色的表情、口气、情绪等都表现出来；看完一个童话故事后，让他们复述一下这个故事，模仿里面的动物、植物或人物说话。除了"拟人性"，爱模仿也是幼儿的心理需求。通过这种方式，可以锻炼幼儿的表达能力、模仿能力，甚至一定的创造能力。

泛灵心理不仅说明了幼儿的幼稚，也说明了幼儿的单纯和美好：世界上的一切都和人一样是有生命的，是有喜怒哀乐的，所以我们要爱惜他们，要和他们做朋友。这种单纯而美好的想法只有幼儿阶段才有，而我们大人，要保护他们这种美好的想法。

08 智力和学习行为：

幼儿阶段的心理及思维发展模式

幼儿一无所知地来到这个世界上，他对这个世界充满兴趣，又对这个世界充满了不解。他想弄清楚很多事情，于是，他们便不停地发问，不停地探索，不停地"捣乱"，出现了许许多多奇怪的行为。其实，这些行为只是他们探索和学习的方式，代表他们的心理和思维发展到了一定的阶段。接受、配合并引导幼儿的这些行为，才能让他们的心智得到及时的开发。

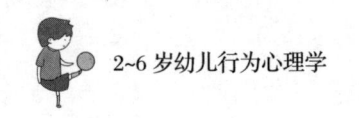

玩水：幼儿的智力发展是从感觉到概念

"不要再玩水了！"妈妈冲2岁的儿子吼道，"袖子都湿了！"她把儿子从水池边拉走。可是没过一会儿，儿子又在洗手间里玩起了水，"哗啦啦，哗啦啦……"他用手划拉着浴缸里的水，听着那动听的声音，露出了满足的表情。妈妈无奈又把他拉走。但是，她刚走进厨房，儿子就发现了客厅里茶几上的水杯，他拿起水杯，反复地把水从这个杯子倒进那个杯子，水洒了一地。这时，妈妈从厨房出来了："哎呀，木地板都要被你搞坏了！"妈妈再次把儿子拉开，把杯子放到了高高的餐桌上。

妈妈不知道，她无意间破坏了儿子的"学习行为"。

对于幼儿来说，他们的很多玩耍都不是单纯的玩耍，而是学习，因为他们是通过感觉（视觉、听觉、嗅觉、味觉、触觉）事物来认识事物的。他们把手伸到水龙头下面，是为了感觉水的流动；他们在浴缸里划拉水，是为了听水的声音；他们把水从这个杯子倒进那个杯子，是为了体验水竟然可以从这个容器到那个容器。他们不只是在玩水，而是在体验水究竟是一种什么东西。

有一天这位妈妈带儿子去公园玩耍，她指着天空对儿子说："天……"儿子无动于衷。"树……"她又指着树说。儿

08 智力和学习行为：幼儿阶段的心理及思维发展模式

子仍然无动于衷。奇怪，明明都教过的呀！妈妈又指着水，说："水……"妈妈话音刚落，儿子就激动地指着水说："水！水！"妈妈感到更加奇怪，这三个词都教过他，为什么他唯独对水有反应呢？

意大利著名教育家蒙特梭利告诉了我们答案："6岁以前的儿童，智力是由感觉发展到概念，智力的发展来自感觉而非知识。"意思是说，他们对自己感受过的事物才能形成概念，对自己没有感受过的事物则没有什么感觉。就像这个小孩，"天空"和"树"这两个概念，是妈妈指着书本念给他听的，但是，他没有好好观察过、感受过天空和树木，因此对这两个概念没有什么感觉。但是水这个事物，他好好地"感觉"过，所以当水出现在他面前时，他内心的感觉"活"了。

还有可能的是，他对水这个事物更有感觉，所以才会主动地一次又一次地去体验。这也告诉我们，幼儿的学习是主动的，而不能是被动地被灌输的，人们对自己主动体验的事物更容易形成概念。也就是说，儿童对自己想要学习什么，天生就有选择的能力。

所以，如果只是学习概念（文字），头脑中没有匹配的对象；或被动地学习，又对某个事物没有感觉，那么即使当时会说、会写这个词语，以后也有可能忘记。或者，并不会运用。

"感觉"指的不仅仅是用五感去感受，更是内心的触动。什么事物触动了幼儿的内在感觉，那么他对这个事物就更容易

137

形成概念。我曾教孩子们写作文,我总是说,调动你们的五感去写,什么事物触动了你们的感觉,你们就写什么。同时我也发现,对于低年级的孩子,教学时如果从概念到概念,他们的吸收效果不好;而从具体的事物到概念,他们明显更有兴趣,吸收效果也更好。

其实成人也是这样,对自己经历过、体验过的、触动自己内心的事物更有感触。但和幼儿不同的是,成人对自己没有亲身体验过的事物也能形成概念,因为成人可以在概念和概念之间形成联系。而幼儿则不行,他们只能在感觉和概念之间形成联系。6岁以后,儿童才能在概念和概念之间逐渐形成联系。所以,6岁以后才上小学,这是符合儿童的心理发展规律的。

既然这样,如何对幼儿进行感觉训练,以及如何利用感觉训练促进幼儿的智力发展呢?

教孩子学习某个概念时,要有具体的事物相匹配

我有个朋友,孩子两三岁,她每次带孩子出去玩耍时,总会指着具体的事物告诉孩子:"这是石头,你摸一摸,硬硬的。""这是亭子,你看,有几个角?""这是天空,你看蓝蓝的,多漂亮。上面飘来飘去的是白云……"

这样孩子就知道,这个具体的事物就是妈妈嘴里说的那个概念。如果在家里看图画书,遇到了这几个字或图片,她就会提醒孩子回忆:"这是石头,你记得吗?你摸过的,硬硬的。"

如果是先学习了概念,她也会带孩子去感受和概念相对应的事物："你看,这就是我们在图画书上看到的天空。"

当发现孩子对某种事物特别有感觉时,要及时进行感觉训练和概念训练

每个孩子敏感的事物和时期都不同。有的孩子对色彩敏感,有的孩子对声音敏感,有的孩子对触觉敏感,有的孩子则对数字敏感;有的孩子对水敏感,有的孩子对软软的泥敏感,有的孩子对纸敏感。当发现孩子对某个事物特别感兴趣时,父母要抓住机会对他们进行感觉训练和概念训练,不要轻易地认为他们是在捣乱或搞破坏。要分辨一下,他们是不是正在"感觉"某个事物。

感觉训练的方法,除了将概念和具体的事物相匹配之外,还有对比和类别等方法。

对比:例如,教孩子识别红色,除了清晰地指着红色的杯子反复告诉他"这是红色"以外,还可以把绿色、蓝色、红色的杯子放在一起让他感觉。

类别:通过对比学习红色后,你再带他认识玫瑰花是红色的,他的外套是红色的,哥哥的红领巾是红色的……这时,他才真正掌握了红色这个概念。

教孩子什么是"热",首先,可以让幼儿去触摸,告诉他这种感觉是热,"热"字怎么写;其次,再让他去摸一杯冰水,告诉他这种感觉是冷,"冷"字怎么写;最后,再让他感受一下刚刚端上桌的汤是热的,暖气是热的,太阳是热的……

但热的程度是不同的。这个时候，幼儿才算真正掌握了"热"这个概念。

孩子特别喜欢咬某样东西时，父母要不断地告诉他，这个东西很"软"，那个东西很"硬"，幼儿就将牙齿的感觉和"软、硬"这两个概念联系了起来。

如何教孩子数数呢？如果父母只是对着书本上的数字教孩子读"1、2、3……"，他只是学到了数字的名字；如果你告诉他"1"是个棒，"2"是只鸭子，他只是知道了数字的书写形状；但如果你拿出10根木棒，放一根，这是"1"，再放一根，这是"2"……放够10根后，你再拿走一根，让孩子数，现在是几根？这样幼儿才能真正明白数字这个概念，每一个数字不仅有名字，有固定的书写形状，还代表着数量，它可以用在生活中任何一个地方，并且我们可以肉眼感觉到它的变化。

用以上步骤可以对幼儿进行很好的感觉训练，但在训练时，最好结合具体的敏感期。

不必过早对孩子进行概念训练

有些父母喜欢早早买来书籍，教孩子读书认字，指着书本上的文字一遍又一遍不厌其烦地向孩子重复某个信息；有的父母喜欢带着孩子去科技馆、博物馆、艺术馆参观，让他们去感受文化、艺术的熏陶。父母的初衷都是好的，但效果可能并不太好。因为幼儿无法将这些概念与真实世界相联系，更不知道该如何运用，不仅孩子缺乏兴趣，效果也会微乎其微。过早地

08 智力和学习行为：幼儿阶段的心理及思维发展模式

学习概念，拼命地认识自己毫无感觉的事物，会让孩子提前对知识失去兴趣，也会因此变得呆板。

有一位妈妈带4岁的儿子去参观科技馆，但走到小区里，儿子就不肯走了，他对地上的毛毛虫产生了兴趣，足足看了一下午。妈妈不理解，毛毛虫有什么好看的，值得看一下午吗？

幼儿就是这样，他们只对他们有感觉的事物产生兴趣。科技馆虽然不是文字这样的概念，但对幼儿来说可比毛毛虫高大上多了，是他们这个年龄无法感觉到的，对他们来说，是另一种形式的概念和知识。

幼儿时期的主要任务不是学习概念，而是感觉事物；学习的真正目的也不是认识概念，而是认识真实的世界。感觉和体验才是通往知识的路径，而智力就是让孩子的感觉和概念配对。

观察和模仿：幼儿学习的基础

模仿行为出现在婴幼儿0~3岁，在2岁的时候最为明显。包括对语言、动作、抽象事物（个人气质、风格）的模仿，也包括对同伴、家人和艺术作品里的人物的模仿。

对语言的模仿最为明显，很多父母都经历过。我曾在一个电视节目中见过一个比较有趣的幼儿对语言的模式：

一位妈妈说道："我老公不在家。"

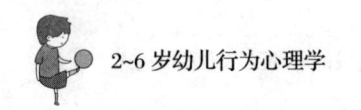

儿子立刻说道:"我老公不在家。"他当时手里还忙着玩玩具。

妈妈又可气又可笑:"是我老公,你爸爸!"

儿子气定神闲,一边继续玩玩具,一边说道:"我老公,你爸爸。"

这位幼儿很自然地就模仿了妈妈的语言,非常随机。

2岁以后,幼儿开始模仿他人的行为。

一个2岁的小女孩靠在门框上,右脚伸到左脚的左前方,和左脚呈交叉姿势,悠闲地看着前方。奇怪,幼儿怎么会有这种姿势?这时,奶奶笑了:"这是学我呢?不光学我怎么站,还学我抖腿呢?"

我们前面提过的某些叛逆行为,大人扫地,他们也要扫地;大人包饺子,他们也要包饺子。这也是孩子对大人行为的一种模仿。

有一些模仿行为非常让人抓狂。

两三岁的幼儿喜欢模仿大孩子的一些行为。大孩子要下棋,他也要下棋。于是大孩子放下棋,拿起一个玩具汽车,他们也连忙跑过去,"抢夺"那个玩具汽车。大孩子再放下汽车,去玩别的,他也放下了汽车……于是大孩子抓狂了。

对抽象事物的模仿,如角色扮演,看似是一种游戏,其本质也是一种模仿,模仿角色的装扮、言行举止、精神面貌等。

幼儿模仿的原因,不外乎这几点:觉得他人的言行好玩有趣，如小男孩模仿妈妈的语言，纯粹是觉得好玩有趣；通过模仿学习一项技能，如模仿大人扫地、拖地等；向被模仿的人物靠近，满足自己的某种心理，如小女孩对奶奶站姿的模仿，在小女孩眼里，奶奶这个的动作非常有趣、厉害（对幼儿来说，大人的任何一个行为对他们来说都非常厉害），通过模仿，他们也觉得自己很"厉害"，并因此向成人的世界靠近了一点点。角色扮演更是这种心理，通过角色扮演，向喜欢的人物靠拢，并因此感到快乐。现在很多粉丝模仿偶像的穿衣打扮或行为，都是为了向偶像靠近，因为他们无法真正地接近偶像，只能通过模仿在心理上靠近偶像。小孩子模仿大孩子的行为，也是想通过这种方式加入他们的行列，告诉他们：你们能玩的，我也可以玩，你们带我一起玩。但是他们不知道怎么表达，只能通过这种方式与他们"互动"。

另外一个模仿行为也是基于这种心理，那就是穿大人的鞋子，在很多幼儿身上都出现过。幼儿喜欢穿上爸爸妈妈（通常是妈妈，因为爸爸的鞋子实在是太大了）的鞋子在房间里走来走去，有时还非要穿妈妈的高跟鞋，一瘸一拐的样子又可笑，又让大人担心，但是他们觉得非常新鲜有趣。有趣在哪里呢？趣味源于他们对成长的渴望，对成人世界的好奇，他们觉得成人的一切都是新鲜的，想要尝试一番。

能模仿说明孩子具备了一定的观察、理解和模仿的能力，如果他没有留意到某种行为或不能完成某种行为，就无法模仿。模仿也说明幼儿有主动学习和选择学习什么的能力。如小女孩的奶奶说，她从来没有教过孙女模仿她。而且，奶奶有很多行为，小女孩并没有都模仿，说明幼儿只模仿自己感兴趣的行为。

我们要强调的是，模仿始于观察。例如，2岁的小女孩在模仿奶奶的站姿、抖腿之前，肯定是经过一番观察的。蹲在地上看了一下午毛毛虫的小男孩也是在观察，通过观察来了解（学习）毛毛虫，仅仅是观察这一个行为就足以让他着迷。但更多的时候，幼儿是通过观察和模仿这两个行为一起来学习的。

在一次家庭聚会上，亲戚家一个4岁的小女孩看到一个大人在玩消消乐的游戏，就站在一旁聚精会神地看。这个大人就把手机递给她："你玩。"她拿起手机玩了几轮，总是过不了关，就把手机又递给这个大人："你玩。"但她也不走开，仍然站在一旁看，看得特别认真。看了一会儿，她说："让我试试。"这次，她会了，成功地通过了一关，她高兴极了。

这个4岁的小女孩自发地通过观察与模仿学会了一项本领。这个过程对她来说既有趣，又是一种挑战，这两种感觉促使她主动去观察与模仿。在这个过程中，她有失败，但又通过观察、模仿、试错找到了成功的办法，其实这就是学习的过程。这也说明，幼儿天生就具备学习的意愿和能力。但前提是，他对这个事物感兴趣。这其实就是学习的内驱力。

可以说，幼儿的大部分模仿行为都是正常的且有益的。那么如何引导孩子的观察和模仿行为呢？

对好的模仿行为要进行鼓励

幼儿的大部分模仿行为都无需干预，顺其自然就行。对于良好的模仿行为可以通过鼓励进行强化。例如，孩子学会了扫地、下棋、玩游戏等某项技能，父母可以给予一定的口头表扬和物质奖励，也可以利用他们的模仿喜好引导他们形成好习惯。"宝宝，快来看妈妈嘴里的泡泡多好玩，你能像妈妈一样吹起泡泡吗？"通过孩子对泡泡的兴趣，来引导他养成刷牙的习惯。

有意识地引导孩子模仿艺术作品的榜样人物

模仿既然是一种学习，那就可以让孩子通过学习来选择模仿艺术作品中的人物。例如，绘本中的小孩做好事被认可，坏小孩做坏事被惩罚，即便你不去讲解，孩子也会明白，哪个人物值得他模仿，哪个人物是不能模仿的。再如，看了《西游记》后，孩子很自然地会去模仿孙悟空的言行和人格，而猪八戒，孩子们只会去模仿他的外形。

模仿不良行为要进行干预

在故事书里，孩子看到好的人物有好的结果，坏的人物有坏的结果，自然会去模仿好的人物。但在生活中，孩子无法立即看到他人行为的后果，有时就会模仿其他人的不良行为。如模仿其他小孩说脏话、打人、作不雅的手势，甚至模仿大人抽烟、喝酒的动作等，对这些行为，父母要及时纠正，但不要矫

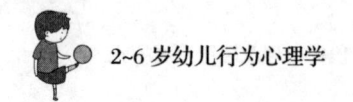

枉过正，矫枉过正也会形成强化，让他觉得这种行为能引起大人的注意，而刻意去做这种行为。

刻意模仿会使孩子失去创造力

模仿是学习的基础，每一个人的学习可以说都是从模仿开始的，但如果因此刻意为之，成了幼儿的思维习惯，不管何时、何地、何事都亦步亦趋，模仿其他孩子的言行和思维，不但会令他人反感，带来矛盾冲突，还会使孩子失去自我、思考的能力和创造力。虽然学习始于观察和模仿，但真正的进步和成长要脱离模仿，形成自己的特质。所以，可以鼓励孩子在模仿之余，有自己的思考和创造。例如，孩子玩橡皮泥，别的小朋友捏什么，他就捏什么。可以鼓励他："可以和别人不一样呀，和别人不一样更有意思，你试试看。"

愿意积极主动地去模仿，这是一种非常可贵的品质，这说明他愿意积极主动地去学习，对幼儿以后进入学校后的学习是非常有益的，因为学习的本质就是在模仿中创造。

重复行为1：不重复的是心理体验

一位妈妈正在给儿子读《三只小猪》的故事，她声情并茂、情感真挚地读了一遍，儿子听得很专注。然后，他说："妈妈，再读一遍！"妈妈又读了起来。儿子喜欢听故事，喜

08 智力和学习行为：幼儿阶段的心理及思维发展模式

欢阅读，这是好习惯，她很欣慰。第二遍读完了，儿子又说："妈妈，再读一遍。""好吧。"就这样，妈妈读了五遍，她已经快会背诵那个故事了。

过了几天，妈妈又给儿子读故事："今天我们读哪个故事呢？让我来找一找……""妈妈，读《三只小猪》。"

"《三只小猪》已经读过很多遍了，换一个吧？""不，妈妈，就读《三只小猪》。""好吧。"

幼儿为什么喜欢反复听一个故事？或许我们会认为，故事有意思。是的，听故事，成人都喜欢呢！但有时，"没那么有意思"的事情，他们也喜欢反复做。

在小区里，一个3岁左右的小男孩正在用两个小小的搪瓷茶缸玩沙子，从这个茶缸倒到那个茶缸，再从那个茶缸倒到这个茶缸，如此反复，已经玩了半小时了。他非常专注，旁边的吵闹完全没有干扰到他。她的妈妈跟其他妈妈说："也不知道这有什么好玩的，比家里的玩具还着迷，搪瓷茶缸的底都快被沙子磨烂了。"

如此简单的动作——倒过来，倒过去，幼儿却可以重复无数遍。这背后到底隐藏着什么样的心理机制？幼儿处于注意力极其不集中的时期，但玩沙子却可以如此专注。这只能说明，对幼儿来说，这种重复行为一点都不无聊，他们的动作是在重复，但他们的心理机制一定没有重复，每一次都在体验不同的感觉。例如，听故事，刚开始体验的可能是妈妈动听的声音，

147

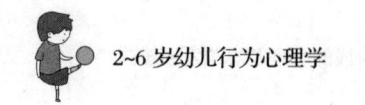

接下来体验的是故事的情节，然后是逻辑、思想情感……等他们完全吸收、熟悉了这个故事，可能就不再想听了。就像我们反复看一本书、一部电影一样，每一遍的感觉是不完全相同的。

玩沙子也是，第一阶段体验的是沙子细腻的感觉，第二阶段体验的是从一个搪瓷容器到另一个搪瓷容器的感觉，第三阶段体验的是沙子倒进搪瓷缸里的声音……这才是重复行为的真正意义。

另外，他们想体验的还有可能是动作。这个3岁的小男孩每次可以精准地挖起满满一茶缸的沙子，然后精准地倒进另一个茶缸，这种精准的手部动作让他感觉到自己很能干，同时也使他锻炼了自己的手部动作。著名教育家蒙特梭利在她的著作《童年的秘密》一书中也描述过这样一种重复性行为：

一个大约3岁的小女孩不停地把一系列的圆柱体放进孔中，然后又从孔中取出。这些圆柱体大小不同，正好与木板上大小不一的孔相应，就像软木塞盖住瓶口一样。我惊讶地看到，那么年幼的儿童能如此聚精会神一遍又一遍地重复这项练习。而每一次重复，无论在速度上还是技能上，小女孩并没有显示出有什么进步，她只是不停地重复这个动作。我告诉教师让其他孩子唱歌、到处走动，但这丝毫没有干扰她正在做的事情。她重复了这项练习42遍，然后才停下来，仿佛从梦中醒来并愉快地微笑着。

可见，小女孩在这次体验中是非常满足的，她一点也不会觉得无聊，这个圆柱体只能放在这个孔中，那个圆柱体只能放在那个孔中，每一个圆柱体都有各自匹配的孔，这太奇妙了！小女孩在不断的探索和体验中发现了事物的规律，这让她感到惊喜。与这种心理体验相伴随的，是手部的一种有节奏的运动。

重复行为是幼儿的一种内在需求，意在探索、体验和学习。蒙特梭利说："如果反复进行练习，就会完善儿童的心理感觉过程。""反复练习是儿童的智力体操。"

所以，不要打断幼儿的重复行为。我曾见过一些父母对幼儿的重复行为很烦恼。幼儿很小的时候，喜欢反复地上下坡、上下台阶，父母怕他们发生危险，会一直跟在后面，时间长了感觉很累，就会一把抱起他们："不要在这走来走去了，很危险的。"幼儿不断地穿衣服、脱衣服，父母会生气地把他们拉开："别玩这个了，弄得乱七八糟的。"还有2岁左右的幼儿会不断地把一个碗里的饭菜舀到另外一个碗里，但并不吃，大人会斥责他们："好好吃饭，不许捣乱！"幼儿的这些行为不否认有捣乱的成分在，但更多是在探索和学习，是为了体验和掌握不同的动作，同时掌握一项技能。打断他们的重复行为，也就打断了他们探索和学习的过程。

对于儿童的行为，不要从成年人的视角去看，那就很难理解和尊重他们的行为。幼儿的每一个行为都有存在的理由，都是某种内心需求的外在表现，我们要去探寻他的需求，才能理解、尊重和配合他的行为。

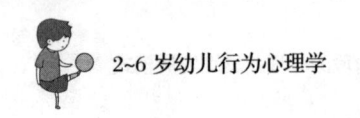

重复行为2：图式模式

  国外心理学家从另外一个角度来解释儿童的重复行为，就是图式模式。英国心理学家卡西·纳特布朗认为，图式是一种反复出现的行为模式，通过这种行为模式，经验被同化并逐渐获得协调。通俗来说就是，孩子的活动是以特殊的行为模式为基础的，我们可以把孩子反复出现的行为模式看作一种图式。这些图式形成了2~5岁幼儿行为模式的基础，这些行为模式又构成了幼儿学习的基础。图式分为上下、动态垂直、来回、旋转、围绕、覆盖和容纳、穿越七种图式。

  上下图式

  妈妈抱着2岁的儿子在跟一位阿姨说话，小孩手里拿了一个小球，没拿稳，小球掉了，阿姨连忙捡起来递给他。他刚玩了两下又掉了，阿姨又帮他捡起来。第三次，球又掉了。但这次不是自然掉的，而是小孩故意扔在地上的。阿姨看了他一眼，笑道："调皮。"又捡起来递给他。小男孩再次扔在地上，还笑呵呵地看着这位阿姨。这位阿姨无奈地看着他。

  这个小孩的行为就是上下图式。他无意间感受到了"上"和"下"这两个概念，小球一次次从上到下，又从下到上回到他的手里。同时，他发现自己的这个行为竟然可以控制大人的行为，于是乐此不疲地体会着操纵大人的感觉。中间也包含着和这位阿姨的情感交流，他能感觉到这位阿姨始终带着善意在为他捡球。所以，这不是简单的"调皮"行为。

动态垂直图式

一个小男孩从旁边的斜坡爬到高处，然后从上面跳了下来。再次爬上去，又跳了下来。如此反复多次。

这也不是简单的淘气行为，而是为了体会垂直的感觉，是动态垂直图式在支配着他的行为。

来回图式

一个小孩在收拾他的玩具。他拿起客厅地板上的一个玩具送到卧室里他的玩具箱里，再返回来再次拿起一个玩具送到玩具箱里，如此反复了几次。妈妈说，可以把玩具箱拿过来，这样他就不用跑来跑去了。可是小孩不肯，他坚持要在客厅和卧室之间走来走去，而且每次都只拿一个玩具放到玩具箱里，并且脸上始终带着认真和微笑。

支配这个幼儿行为的就是"来回图式"。这个小孩在体验"来"和"回"、"这儿"和"那儿"等概念。

旋转图式

一个幼儿对圆形的物体特别感兴趣，如球、妈妈的呼啦圈、爸爸汽车上的轮胎等，为此，爸爸给他买了一个复古玩具"铁圈"，让他推着玩，他玩得不亦乐乎。还有，他对转圈也很感兴趣。这是"旋转图式"在对他起作用。

围绕图式

一个幼儿总是喜欢围绕着家里的桌子、茶几转圈，那么支

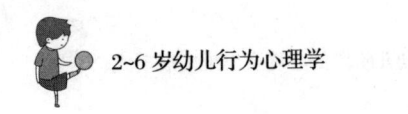

配他的是围绕图式。

覆盖和容纳图式

一个小孩把玩具一个一个地放进他的玩具箱里，但是没放满，于是他在家里东找西找，把糖果盒放进去，把零食放进去，直到他的玩具箱再也塞不进去任何东西为止。

这个幼儿对覆盖和空间容纳感兴趣，支配他行为的就是覆盖和容纳图式。

穿越图式

一个幼儿在桌子下面钻来钻去，钻来钻去……

这个幼儿对穿越感兴趣，支配他的是穿越图式。

幼儿的每一类行为都有相对应的"图式"在支持。图式理论使我们理解了孩子为什么会对某一种活动着迷并不断重复。可以说，孩子的每一种重复行为都不是毫无意义的，而是在学习、在体验、在感觉。

了解了图式理论，对我们引导孩子的行为有什么帮助呢？

（1）可以给他相应的刺激。例如，孩子对覆盖和空间容纳感兴趣，你可以让他和你一起收纳。给他一个小盒子，把桌子上零碎的东西收进去。和他一起琢磨如何把玩具箱收拾得更整齐，装的东西更多等。这一类孩子长大后很可能具备较好的收纳能力。如果孩子对穿越感兴趣，可以带孩子去玩一些"穿越洞洞"的户外游戏和游乐设施，满足他们的穿越体验。如果孩子对旋转感兴趣，可以让孩子画一些圆形的画，做一些圆形的手工，如太阳、月亮等。

（2）引导幼儿从破坏性的活动转向有意义的活动。为了体验"来回"的感觉，有的幼儿喜欢扔东西，把家里的东西从这边扔到那边，又从那边扔到这边，有时难免会造成破坏，令父母头疼。父母可以引导他们扔篮球、扔排球、扔沙包，也可以和孩子一起玩这个游戏，一个扔，一个接，这样，他们的破坏性活动就变成了有意义的、有利于身心发展的活动。

孩子的很多行为都不是单纯的玩耍，都是在学习和探索。作为父母，如果我们能了解孩子这些行为背后的心理机制，就能给予孩子很好的引导；如果做不到引导，至少做到宽容，不干扰。

从"是什么"到"为什么"：逻辑思维的初步发展

"为什么要吃药？"

"因为你生病了。"

"为什么会生病？"

"因为你昨天晚上睡觉没盖好被子。"

"为什么没盖好被子？"

"因为你睡觉的时候动来动去，把被子踢走了。"

"为什么我要动来动去？"

"因为……"

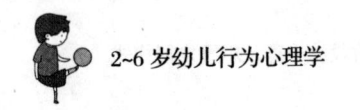

妈妈心想，你动来动去还要问我原因？

还有更离谱的问题。

"这是什么？"

"菊花？"

"为什么它是菊花？"

"就是它的名字，就好像你叫安安一样。"

"为什么我要叫安安？"

"因为爸爸妈妈希望你平平安安。"

"为什么我要平平安安？"

"因为平安人才能幸福呀。"

"为什么人要幸福？"

"因为……"

几乎每一个幼儿都有不断追问"为什么"的时候，一连串的"为什么"最后常常让父母张口结舌。随着幼儿年龄的增长，我们渐渐会发现，幼儿不再只是满足于这个事物"是什么"，而是一定要知道"为什么"。他们的"十万个为什么"有时确实让我们感到无奈，但同时我们也应该感到高兴。

因为，这代表着幼儿的逻辑思维能力开始发展了。每一个"为什么"都代表一种因果关系，幼儿通过不断询问"为什么"来探索事物之间的关系。"是什么"，幼儿关注的只是事物的表面。而"为什么"，幼儿关注的却是事物的内在。其次，这代表幼儿开始关注外部的世界。之前，他们只关注自己的吃喝拉撒这些生存需要，现在，他们开始关注世间万物，并渴望知道它们究竟是怎么回事儿。这是孩子从自我迈向世界的开始。这一切都说明儿童的求知欲增强了。

同时他们也发现，无所不能的爸爸妈妈在他们一个又一个的"为什么"面前败下阵来。这个过程太有趣了！所以我们会看到，父母越是回答不上来，幼儿越是喜欢问"为什么"，乐呵呵地看着父母回答不上来的样子。

面对孩子的"十万个为什么"，如何应对才是最妥当的？

不要烦躁和斥责，耐心回答

面对幼儿的"十万个为什么"，有些父母会有些烦躁，因为孩子的问题多而幼稚，有些甚至是没有逻辑无法回答的，因此有时就不想回答。尤其是碰到自己忙碌或心情不好的时候，难免会应付甚至训斥孩子："不要问东问西了！"那么就失去了一次帮助孩子学习成长的机会。喜欢问"为什么"，说明孩子对生活感兴趣、充满好奇心，并且愿意积极主动去探索，有些问题还蕴含着孩子的想象力，而这是幼儿成长的驱动力。父母的耐心回答，是在保护孩子的驱动力，也是对他的探索精神的一种鼓励。如果不回答或者斥责，则一定会带来相反的效果，比如孩子不敢再提问。如果父母当时没空或者不想回答，可以耐心地告诉孩子："这个问题，妈妈晚点再告诉你。"

另外，回答孩子的问题要正确、清晰、简洁，让孩子可以精准地接收到信息。

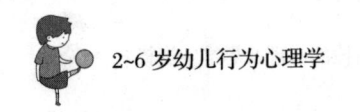

回答不了的问题，可以和孩子一起寻找答案

孩子的问题千奇百怪，而父母却不是"百科全书"，如果真的答不上来，可以如实地告诉孩子，并和孩子一起寻找答案。例如，"这个问题妈妈也不知道，咱们一起去查查书或百度一下吧。"这样就教会孩子，每个人都有不会的问题，妈妈也不是万能的，这没什么，通过各种途径寻找答案就可以了。这也是引导孩子，在探索、学习的过程中遇到困难是很正常的事情，不逃避才是正确的态度。

和孩子一起玩"十万个为什么"的游戏

父母向孩子提问"为什么"，更能引导孩子去思考事物之间的逻辑关系，因为父母回答孩子问题，孩子是被动思考。而父母向孩子提问，孩子就必须主动思考。所以父母可以多和孩子一起玩这个游戏，如孩子看了一部动画片，父母可以就这部动画片的内容向孩子提十个左右的问题，并且每个问题之间都要环环相扣。父母提问完，让孩子提，看谁能把谁问倒。如果遇到了谁都回答不了的问题，可以一起请教他人或者查阅资料。这就完全变成了一个学习的过程。

当孩子向父母提问时，父母也不必急着回答，可以引导孩子思考："你觉得呢，你是怎么想的？""你为什么会这么想？""照你这么想的话，结果会是什么样的？""看来这个想法不太对，我们再换一种想法。""还有没有其他的可能？"通过种种提问，让孩子形成主动思考的习惯。一个思考性大脑一定更有利于孩子以后的学习。这个过程就像老师讲课，老师很少会直接把答案告诉学生，总是通过种种方式引导他们思考。当孩子把自己能想到的都思考一遍之后，父母再进行总结或给出答案。如果孩子想出答案，父母也要及时给予肯定和鼓励。这样的话，幼儿的"十万个为什么"是非常有意义的。

幼儿向这个世界提问，并带着问题去看这个世界，说明他开始思考这个世界，这是他成长的开始，也是未来他具备独立思维能力的基础，所以父母应该全力配合他，并认真对待他的每一个"为什么"。

说谎：孩子思维发展的一种方式

我曾经被一个幼儿的说谎行为"吓到"。他大概也就两三岁，不记得具体说的是什么谎了，只记得我相信了他的话。然后，他笑嘻嘻地对我说："刚才我是骗你的。"我当时很吃惊，不仅仅是因为我被骗了，而是这么小的孩子就会说谎了！并且，他知道他在说谎，并知道说谎的意义、效果，这从他脸上得意的表情上就可以看出来。他觉得说谎是一件好玩的事情，他都能够骗过并可以"逗"大人了。这一点让我感到非常吃惊，两三岁幼儿的思维都发展到这种程度了！

我们常常认为，幼儿说谎是不好的品质和行为，碰到这种情

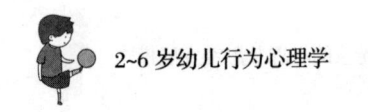

况一定要批评和纠正。但其实，幼儿的说谎行为并没有这么复杂，不需要贴上道德的标签。对于幼儿来说，说谎通常有四种原因：

第一种原因，幼儿觉得好玩有趣。语言还可以这么说！说"假话"居然有这种效果。自己说"假话"大人居然相信了！这让他感到惊奇。这时，幼儿把说谎当成和大人的一种互动和游戏，并在这个过程中锻炼自己的语言和思维能力。

第二种原因，害怕受到惩罚。

至今还记得小时候我说过的一次谎。那时我家在农村，没什么玩具玩。有一次到城里的亲戚家玩，亲戚家的小朋友有一个大大的积木，我非常喜欢，玩了一下午，临走时就顺手拿走了一小块。晚上，亲戚问爸爸，他儿子的积木少了一块，问我有没有看见。我说："没看见！"这个时候完全没有勇气承认是自己拿的。一是害怕人家把积木要回去，二是害怕事情被揭穿后，亲戚、爸爸责怪，令自己难堪。

第三种原因，把想象当真实。幼儿分不清童话与现实的区别，也分不清想象和现实的区别。他们常常把自己想象的事情当作真实的事情，夸张地演绎。例如，"我就是超人。""我就是孙悟空。""我现在要上天了！"这个时候你如果说他们说的是"假的"，是不可能的，他们就会生气或难过，因为他们并不认为他们是在说谎。

这种情况也会出现在小朋友的冲突之间。例如，一个小朋友不小心碰到了自己，自己就会说："他打我。"实际上，这

08 智力和学习行为：幼儿阶段的心理及思维发展模式

只是自己的想象。自己认为对方不友好，就从对方的行为中找到不友好的证据，但显然这不是事实。

第四种原因，为了维护自尊心。当别的小朋友有的东西自己没有，孩子会有点尴尬甚至自尊心受损。这个时候，他会用谎言让自己度过这个时刻。例如，其他小朋友拿出了一个非常漂亮的玩具，而自己的玩具明显不如人家的好，他可能就会说："这个玩具爸爸早就给我买了，在家里放着呢，我现在已经不喜欢玩这个玩具了。"这种谎言，成人有时候也会说。

所以，说谎行为的背后是幼儿不同的心理和目的。这说明，幼儿的心理和思维发展到了一种程度，不再是简单直接的单线条，而变得复杂起来。

从以上四种原因还可以看出，幼儿的谎言并没有明显的恶意，大部分是出于保护自己。但这不代表这些谎言全是正确的，因为有时也会给别人带来一定的伤害，如别人打自己，我小时候拿走别人的积木却说没拿，即便原因情有可原，也是一种不诚实的行为。所以，都需要父母的纠正和引导。

那么，幼儿有没有明显的恶意谎言呢？

"妈妈，我明天不想上幼儿园。"

"为什么？"

"因为王老师总是批评我。"

父母连忙到学校调查，老师一脸雾水："没有批评过他呀。"

"谁把花瓶打碎的？"

159

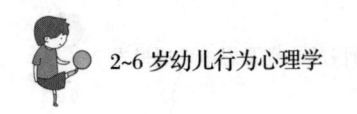

"弟弟！"哥哥说道。实际上是他自己打碎的。

很多人小时候都撒过一个经典的谎言。

"妈妈，我今天不想上幼儿园。"

"为什么？"

"我肚子疼。"

"那到医院看看吧。"

"不用，我在家休息一下就可以了。"

结果在家一天生龙活虎。

所以对待幼儿的说谎行为，应该根据原因、性质的恶劣程度区别对待，既不能是简单粗暴地批评训斥，也不应该纵容袒护。

对于第一种说谎行为：接纳、淡化处理

孩子因为好玩有趣而说谎，父母接纳和淡化处理即可，甚至不做处理都可以。因为孩子只是语言上"说谎"，用这个方式和你互动，并没有实质性的说谎行为。父母不要反应过于激烈："不许说谎！说谎话不好！"那么就原则性过强，不够可爱了。因为我们成人在和他人交流时，有时也会说点小谎，逗别人开心，这只是一种说话的方式，可以活跃聊天的气氛，是幽默和机智的表现。所以，如果幼儿也有这样的现象，我们完全可以不予纠正，反而是可以用一种轻松的方式处理，如捏捏他的鼻子："这么小都会骗妈妈了。"

对于第二种说谎行为：引导孩子克服恐惧，勇于承认错误

孩子如果因为害怕批评而说谎，父母就要帮孩子营造无

论做了什么事情，错与对，说实话都不会受到过于严厉批评和指责的家庭氛围，那么孩子就敢于说实话。这种观念平时就要传递给孩子："无论什么事情，爸爸妈妈都会帮助你的，不要轻易撒谎。如果撒了谎，也不要害怕，我们依然会帮助你解决问题。"但这不是要包庇孩子，只是帮他卸下心理负担。同时，根据具体的事情引导他明辨是非："想要什么可以跟我们说，我们会尽量满足，但不能因此偷拿别人的东西，不管什么理由，偷拿别人的东西都是不对的。"温和、严肃地引导他明辨是非，哪怕态度严厉一些，都胜过简单粗暴的责骂。因为后者会让孩子的自尊受损，产生逆反心理，反而不利于他明白对错。同时，因为害怕被责骂，下次他可能还是会选择说谎。

对于第三种说谎行为：引导孩子看清事实

如果孩子把想象当现实，我们也可以顺着他的话说："你是孙悟空啊，太好了，我可以做孙悟空的妈妈了！""你要上天了，那带上妈妈吧，妈妈也想到天上看看。"这样，孩子会觉得妈妈很可爱，并不觉得妈妈是在说谎。

如果孩子因为想象误解了别人而说谎，我们要引导孩子看清事实：别人并没有打你，也没有这个想法，这都是你的想象。我们不能凭想象去给别人定罪，而是要根据事实。这一点如果得不到纠正，孩子以后就很容易形成恶意揣测别人行为的思维习惯。

对于第四种说谎行为：未必要揭穿

本来就是为了缓解尴尬和维护自尊心而说的谎，如果被揭穿，岂不是更尴尬。维护别人不得已说的谎，这是一种善良。所以，如果父母遇到孩子说这样的谎，不要当场揭穿。可以私下引导他树立更正确的认知：每个人都有不如他人的东西和地方，这很正常，不需要为了这一点而说谎。即便孩子的认知一时还到不了这个程度也没关系，父母只要传递正确的价值观就行了，其他的交给时间。

对于恶意谎言：必须严厉批评并制止

逃避上学，这是责任心问题；诬陷他人，这是品质问题。这两点都是原则问题。像这种谎言，虽然也代表孩子的思维发展到一定的程度，但性质比较恶劣，必须给予严厉的批评和纠正：不想上学，要说出不想上学的真实原因，让爸爸妈妈帮助解决，而不是用说谎这种方式来逃避问题，糊弄父母和老师！同时还诬陷他人，这就更不允许了，自己做的事情自己承担，诬陷别人，这是非常不好的行为！对于这一类谎言，除了严厉地批评指正，也可以给予一定的惩罚。但注意，也是要先让孩子明辨是非，而不是不论什么原因先打骂。

说谎，说明孩子在和他人"斗智斗勇"，这是孩子思维发展和心理成长的一种表现，但它并不是严格意义上的良性行为，所以父母要根据孩子的具体说谎行为具体处理，多引导少粗暴指责，更不要用过激的反应来强化他说谎的心理和行为。

09 社交行为：
找到归属感

　　幼儿只有融入群体中，才能感到被这个世界接纳，才能找到归属感。因此，幼儿需要社交。他们的社交行为在探索中从稚嫩走向成熟，从被动走向主动，从找朋友到找"伴侣"，从泛泛之交到深度交往，从物质朋友到精神朋友，他们越来越理解朋友是什么，越来越能体会到被他人接纳的快乐。社交行为，代表着孩子从家庭走向社会，他们的世界越来越大了。

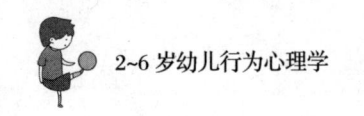

认生：陌生人焦虑

有一个朋友跟我讲他儿子晨晨的故事：

"宝宝，叫阿姨。"那天，一位客人到朋友家里玩，朋友连忙招呼晨晨打招呼。晨晨却不吭声，低下头不看客人。客人走近晨晨，伸出手："来，让阿姨抱抱。"晨晨立刻扭过头，紧紧抱住他妈妈，把头藏在妈妈的脖子里。"唉，这孩子特别认生，快3岁了，除了我跟他爸，谁都不让抱。""有礼物也不让抱吗？"客人拿出给晨晨买的玩具车，晨晨这才转过脸来，伸出小手接过玩具车，立刻又把头扭了过去，依然是紧紧抱着妈妈。朋友无奈地看着客人。"哈哈，也好，陌生人骗不走。"客人打趣地说道。

晨晨不但不让陌生人抱，有时还会被陌生人吓哭。上次晨晨爸爸的一个朋友来家里做客，不知道是面相长得有点凶还是什么，那位叔叔一坐下来晨晨就开始哭，一边哭还一边偷偷地看那位叔叔，看了哭得就更凶了。弄得那位叔叔特别尴尬，坐了没多久就离开了。

对认识的人晨晨也是这样。邻居阿姨晨晨常常见，每次遇到，妈妈都教晨晨打招呼："晨晨，说王阿姨好。"晨晨不吭声。"这是王阿姨，昨天不是还带着小哥哥到我们家玩了吗？"晨晨还是不吭声。朋友也没了办法。晨晨就是这样，除了妈妈和爸爸，跟谁也不说话，不打招呼。对姥姥也是这样，有时候爸爸妈妈有事情，让姥姥带他一会儿，他也不情愿。

"那跟小朋友怎么样呢？"我问。

"他倒是愿意跟小朋友一起玩，但大多是各玩各的，没有什么交流。但他不排斥小朋友，他会观察小朋友在干吗，却很少跟他们发生交集。"朋友说。

"那他跟你们交流得多吗？"我又问。

"在我们面前是个小话痨，可到了陌生人面前就不说话了。到了陌生的环境也是这样，一定要我离得非常近才肯独自玩。"

晨晨身上的这种现象叫作"陌生人焦虑"，也就是我们平时说的"认生"。认生是每个孩子身上都会出现的行为，随着年龄的增长，这种行为会有所缓解。但像晨晨这种程度的认生，就有点严重了。

认生的首要原因是幼儿缺乏安全感。幼儿一出生就待在父母为他营造的家里，熟悉的人只有父母，熟悉的环境只有家，其他的人和环境都会给他们带来不安全感。这种不安全感和成人面对陌生人和陌生环境的不安感完全不可相提并论，成人面对陌生人和陌生环境，虽然也会不自在、焦虑等，但程度很轻，完全可以克服。因为成人对此可以预测、想象，虽然没见过这个陌生人和陌生环境，但可以推测大概会是怎么样，自己会遇到什么情况，应该怎么应对，实在不自在，可以离开。也就是说，成人可以掌控这个局面，因为有类似的生活经验。但幼儿的头脑中并没有这一切，他们完全无法想象陌生的人和环境会给自己带来什么，这种恐惧感让他们对"陌生"的人和环境本能地排斥。所以，幼儿的认生是一种自我保护，这种自我保护是一种本能。

认生是一种自然正常的现象。如果幼儿都不怕生，谁一抱就抱走了，那一定会出现很多问题。但如果过于认生，像晨晨这样，父母的朋友，认识的邻居阿姨，甚至是姥姥，都不让接近，除了本能之外，还有性格的原因，害羞、内向的性格也会导致幼儿不愿和陌生人接触。如果不加引导，将会影响孩子的社交能力，使孩子缺少朋友，生活圈子狭窄等，将来有可能也会影响他的工作和生活。

我们可以从这几个方面来缓解幼儿的认生行为。

多与陌生人接触，但不勉强孩子必须立刻与陌生人互动

增加幼儿与陌生人接触的机会，可以减少幼儿的"陌生人焦虑"。与陌生人接触多了，孩子就会知道，大部分的陌生人都没有恶意，甚至有一些人还非常喜欢自己，那么他们面对陌生人和陌生环境的恐惧感就会减少。可以先从孩子的同龄人开始。幼儿对小朋友的排斥感较轻，大多内心是渴望与小朋友玩耍的，父母可以多安排孩子与陌生的小朋友接触。但要给他们安排合理的玩耍空间和玩具，以免出现争执，使得孩子不愿再与小朋友玩耍。父母也可以邀请自己的朋友到家里来，或带孩子到他人家里去，让他们接触更多陌生的成人。但是，不管是小朋友还是成人，父母只需要让他们置身于这个环境中，然后让他们顺其自然地与环境里的一切发生互动。不要勉强他们立即与陌生人交流，包括强迫孩子与陌生人或半熟的人打招呼。就像我们有时也不想和不熟的人说话一样，对孩子的"陌生人焦虑"和社交焦虑我们要给予理解，并耐心等待他们成长。我们只需要给他们创造条件，不必勉强让他们当下就做到，不然孩子可能因有畏难情绪而事倍功半。

父母热情与陌生人交往，让孩子观察与模仿

幼儿害怕陌生人或陌生环境，是因为他们不确定陌生人会给他们带来什么，唯恐他们会给自己带来伤害。但如果父母热情地与陌生人交往，并收到良好的回应，就会打破孩子心中的一部分顾虑。对于性格羞怯的孩子来说，父母的热情可以感染和鼓舞他们大胆与陌生人接触。在送孩子去幼儿园时，父母可以热情地对待幼儿园的老师，这也可以适当地减少孩子与父母的分离焦虑。实际上，如果孩子很好地解决了对陌生人和陌生环境的焦虑，一般也能够较为平稳地度过上幼儿园时的分离焦虑。

总之，陌生人焦虑如果不太严重，可以顺其自然，不加干涉；但如果较为严重，就需要适当地引导和纠正，以免孩子长大后形成"社交焦虑"甚至"社交恐惧症"。

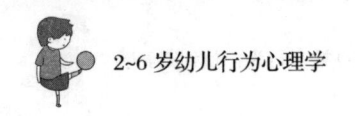

交换：人际交往的开始

幼儿到了四五岁才愿意分享，到了六七岁才能享受分享的乐趣。那么之前，他们想玩其他小朋友的玩具，想吃其他小朋友的零食该怎么办呢？他们会交换。

凯凯看着皓皓的小汽车特别羡慕，妈妈说过，想玩别的小朋友的玩具要征得对方的同意，于是他说："皓皓，我能玩一下你的小汽车吗？""不行！"皓皓连忙把自己的小汽车抱在胸前。这可怎么办？

凯凯灵机一动："我把我的恐龙给你玩，你把你的汽车给我玩一会儿，好吗？""嗯……"皓皓想了一会儿，"好吧。"凯凯连忙把自己的恐龙递给皓皓，皓皓也把他的小汽车拿给了凯凯。凯凯高兴坏了，他聚精会神地玩着。

转眼，天黑了，凯凯要回家了，但是皓皓的小汽车他还没有玩够。怎么办？凯凯又动起了脑筋。他对皓皓说："皓皓，今天你把我的恐龙拿回家，我把你的小汽车拿回家，可以吗？"皓皓摇摇头。"那这样，除了恐龙，你去我家里再挑一个玩具，你想要啥就拿啥，然后你把你的汽车给我玩。"皓皓眼睛一亮："好！"皓皓来到凯凯家里，眼睛都直了，凯凯的玩具可真多。他左挑右选，拿了一个大飞机，心满意足地离开了。

第二天一早，皓皓就上门了，他提了一袋子玩具，凯凯妈妈乐了："皓皓，你怎么拿了这么多玩具？""我要跟凯凯哥哥换玩具，凯凯哥哥有好多我没有的玩具。"

就这样，凯凯和乐乐开始交换玩具玩，他们发现，通过交换，他们的玩具变多了！最重要的是，他们俩成了好朋友。而且，凯凯和皓皓都学会了通过这种方式交朋友。家长经常听到凯凯和皓皓对其他小朋友："咱们做好朋友吧，咱们交换东西。"

渐渐地，他们交换的东西不再只是玩具了。经常看到凯凯拿个玩具去幼儿园，回来带了包辣条。妈妈哭笑不得："你用一个轮船换了一包辣条，很亏呀！""不亏，我喜欢。"凯凯说。

还有一次，凯凯从幼儿园回来，生气地说："我再也不和天天做朋友了！""为什么？"妈妈问。"他拿了我的拼装玩具，说第二天给我带他的积木，到现在也没带来。所以我不想再和他做朋友了！"妈妈心想："还知道通过这种方式辨别朋友的好坏了，看来，没白和别人交换这么久。"

孩子们之间的自然交换是一种非常有益的行为。首先，它能强化幼儿对物品的所有权，自己的物品是属于自己的，别人的物品是属于别人的，彼此不能随意占有。想拥有别人的东西就要付出同等的代价，如拿自己的东西去交换。

其次，有利于提高孩子的智商和情商。虽然幼儿在跟其他小朋友交换物品时，更多是从喜欢不喜欢的角度出发，不太会考虑物品的物质价值，但不可否认有一些幼儿会盘算："我拿这个东西跟他换，值不值得？""虽然我这个玩具很大，但我已经玩了很久了，不想要了，对我来说没有什么用了，不如换一个我想要的东西。"在思量的过程中，就不知不觉提高了他们思考的能力、智商和情商等。这也是他们接触真实社会的开始。

最后，最重要的是他们通过这种方式学会了社交，学会了如何交朋友。"这个玩具他特别喜欢，谁来跟他换他都不肯，唯独愿意跟我换，他对我真好。""这位小朋友拿了我的东西，又不给我他的东西，我才不要和他做朋友。""嗯……就拿一个我最好的东西跟他换吧，让他知道我真的很想和他交朋友。"通过这些，他们知道了什么是诚意、信用和友谊，虽然他们还不能完全理解这些词语的内涵，但是有了类似的情感体验。这些，都是成人很难通过说教教给他们的。

所以，幼儿的行为都不是单纯的玩耍、游戏，都是广义的学习，都是在体验。

对于幼儿的交换行为，父母可以做些什么？

不要从成人的角度干扰孩子的交换行为

上学时，有一篇课文《羚羊木雕》讲了这么一个故事：

我和万芳是好朋友，老师和同学们都说我们俩好得像一个人，整天"形影不离"。爸爸从非州出差回来，送给我一只用硬木雕成的羚羊，非常精致，我很喜欢。万芳看到后，也很喜欢这个羚羊木雕。我毫不犹豫地提出交换礼物，她送我了一把弯弯的小藏刀，我把羚羊木雕送给了她。可是爸爸妈妈知道后，非要我向万芳要回羚羊木雕。无奈，我只好这么做。幸好,万芳理解并包容我,我们这段友谊才没有因此结束。

通过交换结交朋友,通过交换巩固友情,交换是对彼此友情的承诺,交换更是"我"和万芳友情的见证。父母逼迫孩子要回交换物,是让孩子违背承诺、不讲信用,破坏孩子在朋友心目中的地位及他们之间的友情,会让对方认为孩子不值得做朋友,也给孩子传递了错误的交友观念,很可能会让幼儿刚刚通过交换建立的信念就这样被摧毁。

同时,父母这样做,也破坏了孩子对"物"的界定权。爸爸把羚羊木雕送给孩子,它就是属于孩子的东西,孩子对自己的东西有处置权。但父母又把这个处置权控制在自己手里,这会让孩子形成一系列错误认知:别人送给我的东西,我没有权利处置;我送给别人的东西,还可以随时要回。交换可以如此随意。但事实上是,如果真的用这种方式去交朋友,估计很难交到好朋友。

因此,父母不要去干扰孩子的自然交换行为,包括不要用成人的价值观去评判孩子交换的价值:"羚羊木雕比小藏刀贵重多了。""一个汽车换了一幅画?一个魔方换了一个这么小的毛毛虫玩具?你是不是傻呀?"如果你如此反应,一定会有损孩子交换的热情,以及他们对友情单纯美好的认知。孩子换到的可不是一把小藏刀、一幅画、一个毛毛虫玩具,而是快乐和美好的友情。这些是无价的,那么对于孩子们来说就是值得的。不要用成人的等价原则去衡量孩子的交换。在孩子的价值

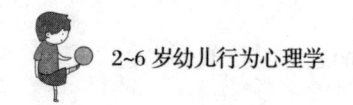

观里，他们也是"等价交换"，甚至还是"赚了"的交换。因此，是否值得，让孩子去判断。即便真的不值得，也让孩子自己去发现。

不要强迫孩子交换

幼儿的交换行为应该是自由的，要不要和别人交换、和谁交换、交换什么，应该让幼儿做主。这个空间应该是个自由市场，幼儿借由这个自由市场来认识物体与物体、人与物体以及人与人之间的关系，并由此构建自己的人际关系。父母不要说："人家都愿意跟你换了，你还不愿意跟人家换，真小气！"不要轻易对孩子的任何行为进行道德绑架。

提醒孩子，交换和交朋友之间没有必然联系

虽然交换客观上能促进孩子们之间的交流、交往，但不能以此作为交往的条件："你必须和我交换东西，我才和你玩。""你不想和我交换东西，就是不想和我交朋友。"这样的价值观太功利、单一、绝对。每个人都有自己特别心爱的东西，哪怕是特别喜欢的人，可能一时也不想给他。然后，交朋友和交换没有必然联系。不交换，也可以成为朋友；交换了，也有可能成不了朋友。交换是物与物之间的关系，朋友是人与人之间的关系，不能用物来衡量情感。虽然幼儿还不能很好地理解这些，但可以为他们传递一二，为他们打下形成正确友情观的基础。

09 社交行为：找到归属感

找朋友：其实是寻找认同感和归属感

从无意间的交换到有意识的交换，再到通过交换成为朋友，幼儿的人际交往行为渐渐开始了，他们也渐渐体会到了交朋友的快乐，并开始有意识地主动交朋友。但是他们发现，并不是每一次交换都能赢得一个朋友。有时候，交换行为结束了，友谊也结束了。这个时候，分享行为就产生了。

5岁的轩轩很想和幼儿园的鸣鸣一起玩。他说："我有好多好玩的玩具，明天我拿来，咱们俩一起玩。"

"好的。""那你愿意跟我玩吗？""愿意！"可是过了几天，鸣鸣就不愿意跟他玩了，不知道什么原因。

轩轩沮丧了几天，重振旗鼓，他发现，可以把自己的"宝贝"送给别的小朋友，以此吸引别人跟他玩。"这是我最喜欢的贴画，送给你，你做我的朋友吧。""好的。"可是没过几天，这位小朋友又去跟别人玩了。轩轩去问他："你不是我的朋友吗？""可是涵涵的飞机更好玩，我想和他做朋友。"

这下轩轩伤心坏了，他大哭："妈妈，我把我最喜欢的贴画送给小朋友，他们都不愿意跟我玩……"妈妈连忙安抚轩轩的情绪："幼儿园那么多小朋友呢，或许别的小朋友愿意跟你玩。""哦，那我再找其他小朋友跟我玩。"

过了几天，轩轩一从幼儿园回来就兴奋地跟妈妈说："妈妈，我有好朋友了，我有好朋友了！""你的好朋友是谁

173

呀?"妈妈好奇地问。"是媛媛,她喜欢贴画,我们俩一起玩贴画。她还说她喜欢读绘本,我也喜欢读绘本,以后我们俩还可以一起读绘本。"

"恭喜你,找到好朋友了!"妈妈和轩轩击掌庆贺。

从此以后,妈妈不断从轩轩的口中听到媛媛的信息:媛媛脾气可好了,从来不大吼大叫;媛媛长得漂亮,头上戴的小兔子发卡特别可爱;媛媛喜欢鼠小妹和米菲兔,我明天要带《可爱的鼠小弟》绘本去幼儿园;媛媛今天送我了一个小书签,可漂亮了!我和媛媛今天闹别扭了,媛媛说再也不和我做好朋友了;我们今天又和好了,她还让我摸她的小兔子发卡……

这真是一个奇妙的交朋友过程。交换、分享、送礼物固然能交到朋友,但真正的朋友却是基于共同的爱好、对彼此性情的欣赏、互相关心,以及由此建立起来的情感链接。这样的朋友即便闹矛盾了,还会是好朋友。但幼儿需要不停地寻找、体验才能得到这个结论。

在绘本《你愿意做我的朋友吗?》中,一只绿色的小老鼠被灰色的小老鼠们嫌弃,不愿意和它做朋友。绿色小老鼠不得不四处找朋友,但是没有动物愿意跟它做朋友,因为其他小动物要么和它颜色不一样,要么和它的体型不一样。直到小老鼠遇到了一只绿色的大象,它才有了朋友。它们相互陪伴了很久,但突然有一天,大象变回了灰色。但此时,它们已经建立起了亲密信任的情感,彼此都不再介意彼此的外形,它们成了

09 社交行为：找到归属感

真正的朋友。

幼儿寻找朋友也是这样一个过程，从对身体、物质等外在特征的关注，到对情感和支持的关注。从3岁开始，幼儿会主动发起这个过程，因为特别喜欢某个小朋友，而和他交换食物和玩具，接着是分享。5~6岁时，幼儿从分享具体的事物发展为关注共同的兴趣爱好和对方的性情。这个时期幼儿的交友还有一个重要特点，就是从一对一的交往发展为三五个小伙伴的群体交往，他们特别在意某个小团体是否接纳他。"我们不和你玩了！"他们最害怕听到这句话。

交朋友其实是寻找认同感和归属感的过程，这个或这几个小朋友接受了我，证明我很好；我的朋友多，证明我被这个世界接纳。这种良好的感受促使幼儿积极主动地去结交朋友。但每个幼儿交朋友的意愿和人际交往敏感期都不尽相同，这导致他们在这个问题上的表现是不一样的，所以父母应该区别对待。当孩子不想交朋友时，要尊重他们的意愿，不要催着逼着、孩子去交朋友。

"那儿有个小朋友，你快去和他玩呀！"

"你都不和别的小朋友玩，上幼儿园了没朋友怎么办？"

有一天，我在小区广场听到一位妈妈反复对孩子这样说，一边说还一边把孩子往另外一个小朋友身边推。孩子却扭扭捏捏不愿动。

距离不远，我感觉到这位妈妈的焦虑扑面而来，她的焦虑是源于自己的担心，担心孩子上幼儿园后不会主动和小朋友交往，被小朋友孤立。孩子不愿交朋友，可能是出于羞怯、认生，可能是人际交往敏感期没到，也可能纯粹是内向，这些原因不是一时半会儿能够改变的，所以也不可能父母一推就去交朋友了。父母的催促和逼迫只会让孩子更排斥交朋友。实际上，每个孩子都渴望交朋友，也都能交到朋友，但每个孩子交朋友的方法不同，外向的孩子会主动出击，内向的可能会等待别的小朋友先伸出橄榄枝。但最终，他们都能用自己的方式交到朋友，而用自己的方式交到的朋友才是真正适合自己的朋友。

孩子在交朋友的过程中受挫时，父母无需过于紧张，也不需要太多干涉。案例中的轩轩因交不到朋友大哭时，妈妈并没有多说什么，只是安抚他的情绪，并鼓励他再试试看。然后，没过几天，轩轩就自己解决了这个问题。

直接介入或粗暴的干涉更不好，"他不和你玩儿，行，妈妈帮你把玩具要回来！"交朋友过程中的酸甜苦辣需孩子自己去体会，这样他们才能通过探索、试错、修正，最终找到交朋友的方法，这个过程是父母无法替代的。

朋友是孩子走出家庭、迈入社会的开始，是孩子的行为渐渐社会化的开始，也标志着他们快速成长时期的到来。

社交中的冲突行为：幼儿对朋友的深度体验

人与人之间的交往必然会带来许多摩擦和冲突，如何处理社交中的冲突，考验着幼儿的社交能力。无疑，他们的社交能力都不强。还不太会交朋友呢，怎么会处理朋友之间的冲突呢？

社交中的冲突行为包括很多，有些冲突表现形式很激烈，如打架、咬人、抢夺等，就是我们前面所说的攻击行为。有些冲突表面看起来比较柔和，如争执、怄气等。冲突的原因则五花八门。

三个小朋友在玩积木，但不知为什么吵了起来。小磊和小华向老师告状："我们俩在玩积木，小远把我们的积木推倒了。""我没有推，我只是想和他们一起玩，但他们打我。"小远争辩道。"你推倒了我们的积木，我才打你。"

老师问小华："你说，怎么回事？""嗯……小远不是故意的，他的衣服不小心碰到了积木。"至此，真相大白。

"好，现在你们互相道歉。"老师说。小远首先道歉："对不起，我不小心碰坏了你们的积木。""对不起，我不该打你。"小磊也向小远道歉。

事情好像得到了圆满的解决，但老师刚一走开，三个人又吵了起来："你走开！""我想和你们一起玩游戏。"小磊和小远又推搡起来，几块积木又掉在了地上。老师转过身来：

"怎么，问题还没解决吗？""老师，我想和他们玩游戏，我想和他们做朋友，但是他们不肯。"小远抱怨道。

"你想和他们玩游戏、做朋友应该先请求，经过他们同意才行，不能硬来。""哦，小磊，小华，我想和你们一起玩游戏，可以吗？"小磊和小华犹豫着，没吭声。老师说："你有什么办法让他们同意呢？""明天，我把我的乐高拿来和你们一起玩，可以吗？"小磊和小华互相看了一眼："可以！"就这样，小远愉快地加入了小磊和小华的游戏中。

学会表达交朋友的意愿

这三个小朋友之间的冲突有争执，有肢体冲突，冲突的最主要原因是小远不知道如何加入别人的小团体，他以为只要做出行为即可，不知道和别人交朋友首先应该发出请求。次要原因是小磊对小远的误会，他没有看出小远的真正目的，以为他是来捣乱的。如果是大一点的孩子，可以从小远的动作、表情、语言等识别出他的目的。这说明，他们都缺乏交朋友的能力。老师的引导非常好，没有指责任何一方，也没有具体教双方怎么做，而是把主动权交给他们，让他们自己去思考怎么做。三个小朋友的交友能力就在这次冲突中提升了。所以，社交中的冲突就是幼儿学习社交技巧的好机会。

生活中还有一些小朋友不知道如何表达自己交朋友的意愿，经常把交朋友的行为变成骚扰或欺负。

幼儿园里，一个小男孩又在拽前面小女孩的辫子。

09 社交行为：找到归属感

小女孩回过头凶他："你别再拽了！"

可是小男孩并没有停止。小女孩的声音更大了："你再拽我就要打你了！"

老师听到后过来问小男孩："你为什么这么做？可以和老师说说吗？"

他沉默了很久："我只是想和她一起玩，想和她交朋友。"

这个小男孩不懂得如何表达交朋友的善意，只能通过骚扰别人来引起别人的注意，但别人并不知道他是怎么想的，一般都会把这种行为理解为恶意，从而引起冲突。所以，我们一定要引导孩子学会正确表达交朋友的意愿，让他们说出来，如果不好意思向对方说，可以请父母或老师转达，从而避免社交中的冲突。

楠楠和小云年龄相仿，又是邻居，经常在一起玩。有一次，楠楠妈妈买了一个小蛋糕，让她们两个分着吃。楠楠把蛋糕一切两半，然后端走了其中一半。小云立刻不干了："你的那一半多。""没有，一样多。""就是比我的多！""一样多！"俩人争执不下。结果，小云狼吞虎咽，把自己那份蛋糕吃了个精光，看到楠楠的蛋糕还没吃完，立刻上去又咬了一大口。楠楠大哭："你为什么吃我的蛋糕……你吃得比我多……我再也不和你玩了！"

"不玩就不玩！"

小云妈妈又买了一个小蛋糕，来到了楠楠家里："你们俩自己商量一个公平的办法。"俩人想了半天没想出来。妈妈说："这次由小云来切，楠楠来分，怎么样？"楠楠和小云纷纷鼓掌，觉得这个办法好。妈妈又说："不过，不管小云如何切，楠楠如何分，你们都要接受这个结果。"两人点了点头。为了避免楠楠把多的那一块分给自己，小云切得非常小心，力求切成一模一样的两块。这次，俩人没再争执，开开心心地吃起了蛋糕。

朋友之间也要讲公平原则

公平在幼儿的心中特别重要。对于还不能完全做到分享的他们来说，心胸还没有那么宽广。因此，一旦遇到不公平的事情，就容易发生冲突。小云的妈妈给他们提供了一个公平的办法。对于冲突行为的引导一定要找到原因，对症下药，才能见效。

一天，小云和表哥正在玩角色扮演游戏，他们玩的是孙悟空三打白骨精。表哥开始分配角色："我扮演孙悟空，你扮演妖精。""不，我不要演妖精，我也要演孙悟空。"小云说。"孙悟空是男的，我是男孩。妖精是女的，你是女孩，当然你来演妖精了。""不，我不想演妖精。"小云看表哥解释得似乎很有道理，但她实在不想演妖精，只好耍赖大哭起来。

妈妈在一旁观察，看他们怎么解决。表哥想了一会儿说："那我们石头剪刀布，谁赢了谁演孙悟空。""好吧。"小云答应了，石头剪刀布游戏，她经常赢表哥，这样，她演孙悟空的机会很大。"输了不准赖皮。"表哥强调。"好。"小云点点头。结果,小云赢了,表哥很守承诺,小云演上了孙悟空。第二轮,表哥赢了,表哥演上了孙悟空。他们找到了和谐地玩这个游戏的方法。

建立规则能有效避免冲突

规则能有效地避免冲突,生活中的一切皆是因为规则才得以有效运转。让幼儿从小建立起规则意识,可以解决社交中的许多问题。这种规则意识及建立规则的能力甚至不需要大人去教,幼儿自己就可以发展起来。

以上案例中都没有严格意义上的熊孩子,那么,对于带有攻击性的熊孩子的熊行为引发的冲突,应该怎么处理呢?假设第一个案例中,小远是故意捣乱。

小磊和小华正在玩积木,他们的积木搭得高高的,小远过来一把推倒了积木。"你干吗?"小磊冲小远怒吼。小远嘿嘿嘿笑着。小华说:"别理他,我们继续玩。"俩人再次把积木搭起来,小远又过来推倒了积木。小磊举起了拳头:"你是想挨揍是不是?""你打我呀!"小远挑衅道。

老师看到了这边的争执,走过来,了解情况后说:"你们可以玩这样的游戏,先把积木搭起来,再推倒。为了让这个游戏更有意思,要把积木搭得高高的,这样推倒时才有意思呀!你们看电视里雪山倒塌时是不是特别壮观?"最后,三个人一起玩起了搭积木推积木的游戏。

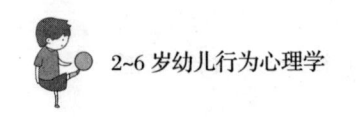

引导"熊孩子"把"熊行为"变成合理的行为

"熊孩子"身上有比其他幼儿身上更多的活力（精神分析学家温尼科特认为攻击性即活力），使他们总是想搞破坏，既要释放他们的活力，满足他们的"破坏性"，又不能对其他小朋友造成伤害或影响，着实需要我们想想办法。案例中这位老师的办法很好，既满足了小磊和小华搭积木的愿望，又满足了熊孩子小远"搞破坏"的愿望，并由此平息了三人之间的冲突。

引起冲突的原因和解决冲突的方法还有很多，但总的来说都是因势利导，没有哪个方法能解决所有的冲突，这考验着父母、老师和孩子的智慧。有一个地方是幼儿学习如何解决冲突的好地方，那就是家里。

自从三胎政策开放以来，两个孩子、三个孩子的家庭渐渐多起来，孩子们之间的冲突也多起来。父母可以引导孩子先学习如何处理好与兄弟姐妹之间的关系。有一个具体的方法父母可以参考：

让孩子来充当调解员，学习如何"劝架"

家里的两个孩子发生了冲突，让他们各自诉说"委屈"，然后让第三个孩子站在公正的角度来判断谁对谁错，劝他们平息怒火，再为他们想一个具体的解决矛盾的方法。如果家里只有两个或一个孩子，可以让孩子做父母的调解员，因为父母也会发生矛盾，没矛盾也可以假装有矛盾，然后让孩子来调节，在具体的事例中学习如何解决冲突。这个方法能让孩子学习到如何站在他人的角度思考问题，也是在培养他们的同理心，一旦具备了这种意识和能力，他们自己身上产生冲突的机会也会减少，而解决冲突的能力则会增加。

冲突行为是幼儿对朋友关系的深度体验，他们会体验到，好朋友或很一般的朋友，都有可能出现或大或小的冲突，能顺利度过冲突，才说明他们具备了交朋友的能力。即便是无法解决的冲突，也向幼儿呈现了社交中的真实状态，这能为他们学习社交行为、未来走向社会打下一定的基础。

我要和甜甜穿"情侣装"：幼儿的情感能力是自己发展起来的

有了相对固定、要好的朋友，幼儿渐渐发现从情感中可以得到莫大的快乐，他们对情感、情绪渐渐敏感起来。其实，幼儿2岁半以后就会表达情感，4岁多开始对情感敏感起来，他们会关心爸爸、妈妈、老师、小朋友，会关注他们的情绪，也会对他们说"我爱你"。同时，他们也关注别人是否爱他。之后，他们对一个特殊的话题敏感起来，就是"婚姻"。

开始阶段，他们对这个话题的理解就是要和异性父母结婚。经常会听到幼儿这样说："我长大了要和爸爸结婚。""我长大了要和妈妈结婚。"后来他们发现：等我长大，爸爸/妈妈就老

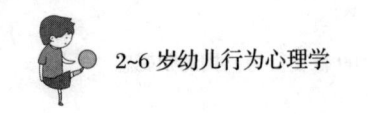

了！他们这才知道，最好是跟同龄人结婚。于是，他们就会在同龄人中"物色"结婚对象。

一个朋友忍俊不禁地给我讲过他儿子"一本正经"地思考结婚这件事情：

那天，乐乐从学前班回来，神秘兮兮又略带好奇地问我："妈妈，等我长大了，你让我跟谁结婚？"

我乐了，心想你想得还挺远，就随口说道："你想跟谁结婚就跟谁结婚呗，那时候我就管不了你了。"我又觉得奇怪，孩子怎么会问这个问题，就问道，"你们在幼儿园讨论过这个问题吗？"

乐乐点了点头。

"那他们都跟谁结婚？"

"他们都跟坐在一起的小朋友结婚。"

我强忍住笑，问道："那你呢？"

"我还没想好。"

其实这个阶段，幼儿对结婚还没有真正的认识，他们以为只要是一个同龄的异性就可以，还没有发展到要跟一个喜欢的人结婚，还没有认识到结婚是要两个相爱的人才可以。但是，渐渐地，他们就来到了这一阶段。

一个网友分享了儿子的一件小事：

儿子和朋友家的女儿甜甜从小一起长大，儿子非常喜欢甜甜，平常总是甜甜长甜甜短的，有吃的喝的玩的总是惦记着给

09 社交行为：找到归属感

甜甜送、给甜甜留着，有时弄得我都吃醋了。有一次，我们两家人约好一起去春游。出门前，儿子在镜子前换衣服，换了好几套才满意：白色的T恤，红色的马甲，蓝色的牛仔裤，在镜子前照了很多遍才出门。出门没多久，就看到朋友带着甜甜迎面走过来。这时，儿子突然脱下他的红色马甲，递给我："妈妈，你拿着。"我感到奇怪，他为什么把马甲脱了，这可是他挑了半天才选择的衣服呀，而且，今天的温度穿上马甲并不热。我刚要问他，看了一眼甜甜，立刻哑然失笑，原来，甜甜穿了一条白色的裙子，儿子是要跟人家凑成"情侣装"呀！

我们会发现，随着幼儿年龄的增长，他们对"婚姻"认真起来，不再是随便地选择跟坐在一起的小女孩"结婚"，而是要跟有深刻情感的异性"结婚"，不能不说，他们的"婚姻观"成熟起来了。有趣的是，像其他能力一样，幼儿的情感能力也是自己发展起来的。这位妈妈说，自己从来就没有告诉过儿子什么是情侣装，他应该不知道什么是情侣装，他那个举动是出于本能，本能地要和喜欢的女孩穿一样的衣服。网友们纷纷调侃，6岁的小男孩"恋商"好高呀。

我发现一个奇妙的现象，人从小就会"谈恋爱"，从小就知道从情感出发选择对象，可是这种能力长大后不仅消失了，还学会了为情感附加很多条件。

总之，幼儿对婚姻、爱这个话题敏感，标志着他们对性别、异性、情感、自我都已经有了初步的感觉。

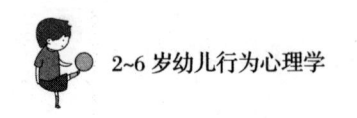

那么，对幼儿这个时期出现的类似行为该如何引导？

无须过于紧张

可能有些父母看到上面这个案例，心中会有疑惑：才6岁，就知道通过和人家穿一样的衣服来套近乎，是不是有点太早熟了？其实，推动这个小男孩做出这个举动的心理动因是，向自己喜欢的小女孩靠得更近些，而寻找到和她的共同点就是向她靠近的方式。这和角色扮演的心理机制一样，通过模仿喜欢的人物（角色）的言行举止、穿衣打扮来靠近喜欢的那个人物（角色），从而达到情感上的一种满足。这是人表达情感的一种方式，是幼儿体验情感的一个很好的机会，也是他成人后情感生活的雏形。它是有益的，而不会造成什么不好的后果。

可以和孩子聊一些类似的话题

当孩子和你提到婚姻这个话题时，父母可以抓住机会和他们聊一聊，顺便引导他们的"婚姻观"。例如，可以问孩子："如果别人不喜欢你，你们能结婚吗？""我觉得不能。""如果别人喜欢你，你不喜欢他，你们能结婚吗？""也不能。""那怎样才能结婚？""必须我喜欢他，他也喜欢我，才能结婚。"如果孩子能领悟到这一点，说明他领悟到真理了。多少成人都弄不明白的事情，小孩子可能都明白。这对孩子来说，是多么大的收获！

可以让孩子接触一些表达情感的作品

在电影《狮子王》中，小狮子与娜娜之间的情感；绘本

09 社交行为：找到归属感

《猜猜我有多爱你》中，两只小兔子之间的情感，都非常动人。可以让孩子看一些这样的作品，体会单纯美好的情感是什么样的，对情感有更多的认知，也可以引导他们学会正确表达情感。绘本《猜猜我有多爱你》中，就讲了这么一个关于如何表达情感的故事：

"猜猜我有多爱你？"小兔子晚上不睡觉，让大兔子猜猜自己有多爱她。可大兔子猜不出来。"这么多！"小兔子把手臂张开，开得不能再开，"我的手臂张得有多开，我就有多爱你。"

然后大兔子和小兔子进行了一场爱的表达赛：

"我跳得有多高，我就有多爱你。"

"我爱你，从这条小路到小河那么远。"

"我爱你，一直到月亮那里，再从月亮回到这里来……"

其实，因对婚姻敏感而出现的这些行为是有阶段性的，到了小学阶段以后，他们反而没有这么敏感了，一直到青春期，他们会再对这个问题敏感起来。

到了这一阶段，幼儿的社交行为不仅越来越有宽度，从友情跨越到"婚姻"；也越来越有深度，从交换行为的泛泛之交到"钟情于一人"的深度交往。幼儿的生命宽度增加了！

10 行为干预：

通过科学的干预手段引导孩子形成正向行为

改掉一个坏习惯很难，所以，从小形成好的行为习惯就非常重要。但是，如同改掉一个习惯那样，形成一个好的行为习惯也不是一朝一夕的事情，需要无数次的"强化"才能在孩子的内心留下深刻的痕迹。为此，我们需要掌握科学的方法并灵活、综合运用，慎重对待自己的一言一行，才能对孩子的行为和心理做出正确的引导和积极的影响。

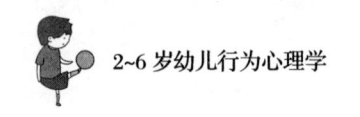

强化：对幼儿的行为结果做出干预

强化是行为主义心理学家斯金纳的理论，它主要是针对行为的结果做出干预，以此推动人们继续重复某种行为或不再重复某种行为。

它分为正强化和负强化。正强化是指，当孩子出现某种良好的行为时，给予他表扬、鼓励或物质奖励，以此推动他继续重复这种行为。例如，某个小朋友每天午睡都表现很好，老师每次都奖励他一朵"小红花"；负强化是指，当孩子出现某种良好的行为时，不再对他施加批评、惩罚等消极刺激，从而使他愿意重复这一行为。例如，某个小朋友在午睡时间大声吵闹，老师罚他站在墙边。当他安静下来后，老师不再罚他站立。与此相关的一个概念是惩罚。惩罚是当孩子出现某种不好的行为时，给予他批评、处罚，或者不再奖励他，从而使他不再重复这种行为。例如，某个小朋友不睡午觉，老师罚他站在墙边或不再奖励他小红花，都算是惩罚。

简单地说就是，强化是针对良性行为，正强化是给予一个好刺激（奖励、鼓励、肯定等），负强化是撤销一个坏刺激（批评、惩罚等）；惩罚是针对不良行为，施加一个坏刺激或撤销一个好刺激。

正强化、负强化和惩罚都对孩子形成良性行为有促进作

10 行为干预：通过科学的干预手段引导孩子形成正向行为

用，哪一种效果更好呢？同一个行为更能说明问题：

4岁的小君总是不好好画画，每次画画时都是胡涂乱抹，妈妈总是批评他浪费纸。有一天，他画了几张画，妈妈一看，大部分还是在胡涂乱抹，只有一张看起来还可以。这时，妈妈可能会有三种反应：

第一种反应：指着画得好的那一张说："这张看起来不错。"

第二种反应：看着画得好的那一张说："今天的纸总算没全浪费。"

第三种反应：指着画得不好的那几张说："画得什么样呀，四不像！"

第一种是正强化（表扬），第二种是负强化（不再批评），第三种是惩罚（施加批评），哪一种能促使小君以后更好地画画呢？要看小君从这三种反馈中得到了什么。从第一种反应，小君得到了成就感和愉快的感受；从第二种反应，小君没有得到正面的感受，也没得到负面的感受；从第三种反应，小君得到是负面的感受，特别是自尊受到了伤害。那么，小君更愿意去重复哪种感受呢？一定是第一种。为了再次体验第一种感受，小君会继续画画，而且是照着受到表扬的那幅画的标准去画，因为只有达到那种标准他才能再次得到表扬。无形中，他的良性行为增加了。

如果小君得到的是第二种或第三种反馈，他形成良性行为的可能性都没有第一种大，尤其是第三种，因为妈妈向他强调的是不好的那几幅画，所以在他心中留下深刻印象的是不好的画的标准，那么下次的行为还可能是这样的。而对于一些敏感、脆弱的孩子来说，为了避免重复第三种感受，他们很可能不再画画。因此，心理学家说，虽然正负强化和惩罚都能增加行为发生的可能性，但正强化的效果显然更好。

这需要父母能从孩子的某个行为中，既能看到他不好的一面，也能看到他好的一面，从而强化他好的一面。

多次强化才会形成习惯

当然，一次强化不会有这么大的效果，多次才会形成这样的习惯。从生理上来说，每一次强化都代表着头脑中的一条神经回路，每一次强化都是在这条神经回路上划下一个痕迹，次数少的强化划痕比较轻，时间长的强化划痕比较重。而划痕比较重的强化有着很强的生命力，不但会自动启动，还会自动重复相关的行为。于是，一个习惯行为就形成了。

强化不良行为也会形成坏习惯

我们通常用正强化来鼓励孩子的良性行为。但一个不良行为得到父母的鼓励，也会形成强化。例如，一个小孩总是说狠话，父母看到后没有去纠正他，父母的默许也是一种强化，于是这个小孩就形成了说狠话的习惯。而坏习惯很难改的原因在于，要改变头脑中已经形成的神经回路。

惩罚也能形成心理强化

惩罚虽然不叫强化，但有时它也会使幼儿的内心形成负面的心理强化（负面自我评价）。例如，妈妈总是批评小君画画不好，时间长了，小君就会这样看待自己：画了这么多次，妈妈还说我画得不好，事实证明，我确实画不好画。而这种消极的自我评价，又指导着他的行为朝这个方向发展（自我实现的预言）。

对不严重的不良行为，不必过多强调

如此说来，多肯定孩子的良性行为，不过多强调他的负面行为，更有益于孩子的成长。尤其是对那些不严重的不良行为。例如，孩子不敢和除了爸爸妈妈以外的人打招呼，我们可以提醒一两次，但不要每次都说："你怎么不跟叔叔阿姨打招呼呢？快叫叔叔阿姨！"这样使得孩子心理负担过重，更难开口。但有一天，孩子突然打招呼了，哪怕很小声，父母可以立刻表扬："雯雯太有礼貌了，都知道主动跟叔叔阿姨打招呼了！"还可以给孩子一些奖励。

对严重的不良行为，同时使用正强化和惩罚

不过多强调孩子的负面行为，不是说全然忽视；正强化比负强化和惩罚的效果更好，但也不是说永远不惩罚。要看孩子行为的严重性。孩子不喜欢跟陌生人打招呼，这并不是特别严重的不良行为，就不需要过多地强调。但孩子身上总是出现攻击行为，打其他小朋友，这个行为就必须要惩罚。但只是惩罚不如奖励和惩罚一起使用。当孩子攻击其他小朋友时，给予他惩罚；当孩子和其他小朋友和谐相处时，给予他奖励。如果只

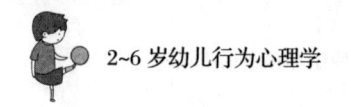

是惩罚，孩子只是不再攻击他人（去除了不良行为），但不一定会和其他小朋友和谐相处（无法有效地形成良性行为）。所以，惩罚对不良行为更管用，正强化对良性行为更管用。

另外，如果孩子的不良行为没有被及时纠正，而且还从这个不良行为中获益，那么这个行为就更会得到强化。孩子通过攻击行为达到了目的，那么下次还会使用这个手段。所以对孩子严重的不良行为一定要通过及时的批评、惩罚予以纠正。

具体什么时候用正强化、负强化或惩罚，要根据孩子的具体行为而定，总的来说就是，愉快的体验更能促使孩子形成良性行为，负面体验使孩子不再出现不良行为。

正确的奖励与惩罚：去除奖惩中的控制

强化是行为主义心理学家的理论，主要的内容是奖励与惩罚。奖励包括精神奖励（表扬、赞扬等）和物质奖励；惩罚包括精神惩罚（批评、教训等）、身体惩罚（罚站、殴打等）、物质惩罚（没收某个物品）等。但其他心理学派对奖惩提出了异议，认为会造成对孩子的控制。其实，没有一种绝对正确或绝对错误的育儿方法，奖励和惩罚操作得当，可以有效地去除控制，增加孩子的良性行为。

正确的奖励

事前许诺物质奖励不如事后精神奖励

在孩子出现某种良好的行为后给予奖励，才能起到强化的作用。但如果在孩子的行为发生前就许诺物质奖励，就不一定有这个效果。

"把你的玩具收拾到箱子里，妈妈就奖励你吃一颗糖。"

"今天好好上幼儿园，不哭闹，放学后，我给你买你最想要的那个玩具。"

这样做在当下能促成孩子的良性行为，但很难维持长期效果。

"今天为什么不收拾玩具了？""妈妈昨天没有奖励我糖，我不想收拾了。"

爸爸："昨天不是挺好的，今天怎么又不想上幼儿园了。"妈妈："因为不可能天天买玩具。"

行为发生前就许诺奖励，会造成孩子为了奖励而去做某事，那么奖励一旦消失，他的行为也会消失。而且，物质奖励不可能每次都有，所以也无法形成强化。用物质奖励去诱惑孩子做某事，很难使他形成长期行为。

事前奖励还会给孩子带来被控制的感觉：孩子想要得到某种好处，就必须照大人说的去做。成人用一颗糖、一个玩具、一次游乐园之行操控着孩子的行为和心情。为了得到这些奖励，短时间内孩子会忍受这种控制，但时间长了就不愿忍受了。如果孩子做某事本来是主动的，奖励会破坏这种积极主动性，使他变成被动去做，从而失去动力。例如，孩子本来愿意收拾玩具，物质奖励反而会使他忘了做这件事情的内在动机，而只记得外在动机——奖励。

正确的做法是，在孩子每次出现良性行为后，都给予他表扬、鼓励等精神奖励，偶尔给予物质奖励，但不要事前许诺，而是事后给惊喜。这样既起到了强化的作用，又避免了孩子为了奖励才去做某事。

奖励结果不如奖励过程中的品质

究竟什么是良性行为？良性行为是不是只出现在一件事情的结果中？

孩子收拾玩具，一股脑儿地扔到玩具箱里。从结果来看，收拾得并不好。但能够主动收拾玩具，这就是一个良性行为。如果能够坚持每天都收拾玩具，这更是一个良性行为。

孩子画画，画得并不好，但每天都在认真地画。从结果来看，不是一个良性行为，但"认真"就是一个良性行为。

孩子陪弟弟妹妹玩耍，虽然洒了一地的水，碰倒了垃圾桶，弄坏了妈妈的口红，但他耐心地陪伴、照顾了弟弟妹妹两小时，就是一个良性行为。

这些都值得奖励，并且这种奖励更能使孩子形成良性行为。如果只是奖励好的结果，那幼儿能够得到的奖励并不多，因为他们能够做好的事情并不多。但奖励孩子努力的姿态，孩子就可以经常得到肯定，使他们从小就认识到努力的意义，从而愿意去努力做好每一件事，那么他身上的良性行为必然越来越多。

总结一下就是，奖励孩子过程中的努力、坚持、认真、付出等品质，比奖励结果效果更好；行为发生后的精神奖励，比事前承诺物质奖励效果更好。

正确的惩罚

惩罚不可简单粗暴，要说清楚惩罚的理由

一位父亲看到孩子在墙上画画，火冒三丈，一把夺过孩子手中的画笔："从今天起，把你所有的画笔都没收，看你还在墙上画。"

这样的惩罚当时确实能吓住孩子，把他的画笔没收了他确实也无法再画画，但不能使他以后绝对不会在墙上画画。惩罚和奖励一样，都有一个共同的弊端，就是容易对孩子形成控制。一是成人的权威让孩子感到被压制，二是惩罚物很容易让孩子感到被威胁。例如，把孩子心爱的画笔没收，以此迫使孩子不再在墙上画画。但孩子的内心是否能认同你的做法，决定了他以后还会不会出现这种行为。这种简单粗暴的做法很难让孩子尤其是叛逆的孩子认同，只会激起他们的负面情绪或行为报复，很难让他真正改正不良行为。

因此一定要态度温和，并让他们明白错在哪里，为什么要受惩罚，他们心甘情愿地接受惩罚，这个惩罚才能真正起作用。

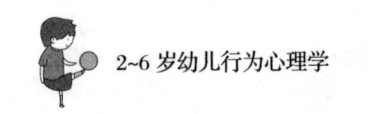

"之前就跟你说过了，可以在画纸上和小黑板上画画，也可以把画纸贴在墙上画，但不能直接在墙上画，影响美观。为了惩罚你的错误，爸爸惩罚你试着把墙壁擦干净，并没收画笔两天。你能接受这个惩罚吗？"

让孩子心甘情愿地接受惩罚，他才能真正反省自己的行为。否则，他的注意力都在跟父母置气上，即便被迫接受了惩罚，也不能保证下次不会再犯。

另外，惩罚的内容最好是和错误的行为有关，这样更能起到强化的作用。如果在墙上画画，却罚他不准看动画片，效果未必更好。

惩罚只是手段，不是目的。惩罚的是行为，但必须让孩子的内心有所触动，他的行为才会有所改变。

何时惩罚要根据客观环境

及时惩罚并讲清楚惩罚的理由，才更能起到强化的作用。如果是在家里或没有其他人在场的情况下，父母发现孩子犯错，要及时给予相应的惩罚。但如果家里有客人或在公共场所，不应该当着其他人的面批评孩子，应该给孩子留有自尊。等回到家中，再和孩子回顾当时的情况，使他认识到当时的错误行为，并给予相应的惩罚。

无意造成的错误，也要受到惩罚

有时候孩子做了错事会狡辩："我又不是故意的。"以此逃避惩罚。但是，只要自己的行为给别人带来了伤害，无论是有意还是无意，都应该受到惩罚。孩子在奔跑的过程中撞到了另外一个小朋友，他哇哇大哭，那么孩子就一定要向对方道歉，并应该意识到以后玩耍、奔跑要顾及身边的情况。这是让孩子树立对自己的行为负责的意识。

用规则对孩子进行惩罚

如何惩罚才能让孩子接受并遵守？制定规则，而且最好是让孩子自己来制定规则，这样他更容易遵守，也会消除被控制的感觉。例如，和孩子协商后规则为：只能在画纸上、墙上的白板上画画，如果违反，不但要清洗干净画脏的地方，还要被惩罚两天不能看动画片。如果孩子犯了错误，父母必须督促孩子严格按照惩罚规则执行，不要随意制定规则又随意违反。这样孩子既无法改变不良行为，又建立不起规则意识，父母也不易在孩子心中树立威信。父母的威信不是靠暴力树立起来的，而是有理有据。

惩罚前后，要持续关注孩子的行为变化

有时候会有这种情况，有些父母平时不怎么关注孩子的行为，但一旦孩子出现不良行为，二话不说立刻搬出惩罚这个工具。惩罚完又不关注孩子，直到再次犯错再惩罚。其实，这是父母不够负责的表现。惩罚并不是一个万能的工具，惩罚也不是我们的目的，让孩子改变不良行为，形成良性行为才是我们的目的。但要达到这个目的，光靠惩罚是不够的，还要有其他的教育方法同时使用。幼儿爱动，各方面又不成熟，每天的小错误层出不穷，没有多种教育方法多管齐下，只有批评、训斥等惩罚，不光让孩子每天生活在恐惧之中，也很难真正使孩子往良性发展。

因此，平时对孩子的关注、引导比惩罚更重要，引导得好，他的不良行为就少，也就无需太多惩罚。惩罚后，继续关注、引导，孩子才能更好地改变不良行为。一个惩罚结束了，但事情并没有结束，孩子作出具体的改变后这个惩罚才能告一段落。

惩罚孩子的行为，不要攻击孩子的人格

"走路不会小心点！没长眼睛吗？""笨死了，不会找老师，让老师帮你出头吗？只会打架！"像这样的人身攻击要不得。只针对孩子的行为进行批评、引导、惩罚就可以，不要数落孩子的人格。

惩罚过后要有情绪安慰

惩罚孩子是因为爱，但孩子未必能感受和理解到这一点。他感受到的可能是生气、难过，并因此对父母、老师产生敌对情绪。所以，我们要解决这些情绪。让孩子知道，我们并不是要用惩罚伤害他们，而是想帮助他们更好地成长。惩罚过后，要对孩子有一些言语和肢体动作的安慰，如抱抱他们，告诉他们："爸爸妈妈依然爱你。"

奖励与惩罚只是我们引导孩子行为的手段，我们不能单一地依靠奖惩，更不能把它当作操控孩子行为的手段。只要不过多地对孩子进行物质奖励，不对孩子进行严重的身体惩罚，不要轻易地使用惩罚物，那么就不会让孩子感到被控制。事实证明，正确的奖励和惩罚能够强化孩子的良性行为。

自然后果惩罚：对行为不做过多干预

如果"不管"孩子的行为，不刻意地对孩子的行为进行奖励和惩罚，能不能使孩子形成良性行为？有心理学家指出，当然可以。

4岁的小源很想和别的小朋友玩耍，但他又行为冲动，每次和小朋友玩耍时，不是抢夺小朋友的玩具，就是和其他小朋友发生肢体冲突。后来，只要小朋友们一看到他，就连忙抱起自己的玩具躲得远远的。渐渐地，小源没有任何朋友了。

他向妈妈哭诉："都没有人跟我玩。"

"为什么没有人跟你玩呢？你想一想是什么原因？"

"因为我总是抢他们的玩具，还和他们打架。""所以你要怎么做呢？"

"我不再抢他们的玩具了，也不打他们了，和他们好好玩。"

"但现在他们已经怕你了，不敢接近你了，怎么办？"

"我把我最好的玩具给他们玩，妈妈你再帮我跟他们说说。"

"好，妈妈很乐意帮你。"

在这个案例中,即使小源和其他小朋友发生了冲突,妈妈也没有惩罚他,他也主动认识到了错误,并愿意主动去改变自己的行为。这是什么起了作用?是后果。自己的不良行为导致自己没有了朋友这个后果,这个后果让自己感到难过、痛苦,为了让这种感受消失,自己必须改变自己的行为。

这其实就是心理学上说的"谁痛苦,谁改变"。这其实也是一种惩罚,叫"自然后果惩罚"。自然后果惩罚在幼儿的生活中经常发生。

婴幼儿刚刚学会走路时,会到处走,哪里有危险往哪里去,你怎么提醒他都不行,但是有一天,他摔了一跤,很疼,哇哇大哭,之后,便不会像之前那样肆无忌惮地到处乱走了。

还有,现在很多人家里都有暖气片,有时候很烫,小宝宝总想去摸摸。每次他接近暖气片的时候,父母就大叫,生怕烫到他。但是没用,小宝宝更想摸了。终于有一天,父母没看到,小宝宝摸到了暖气片,被烫哭了。从此以后,这个不良行为就消失了。

成人身上也有很多类似的例子。自己做的某件事亲朋不认同,多次阻拦,但自己不听,当有一天,这件事带来了沉重的后果,让自己痛苦不堪。从此以后,便再也不会重蹈覆辙。

消极后果带来的消极体验很多时候比惩罚更管用。因为惩罚是人为的,不是自己得出的经验,感受不深;是外来的压力,总想反抗,因此改变的动力不够大。而自然后果惩罚会伤害人的感情、自尊等高级需要，如渴望交朋友的小源却发现没有人愿意跟他交朋友，这迫使他必须做出改变。

让行为后果对孩子起作用，需要注意以下几点。

评估一下某个行为后果的危险程度

其实父母都知道，一个不良行为的后果一定会使孩子受到惩罚，但是我们往往不敢等待后果，因为这个后果有一定的危险性，如摸暖气片会烫到孩子的手。这个时候，我们不妨先评估一下，这个危险是不是很大，会不会给孩子带来伤害。我们可以先摸一下暖气片，可能有点烫，但不会把孩子的手烫坏，这个时候，不妨让孩子摸一下，那么问题很容易就解决了，比提醒、呵斥无数次都管用。

如果是孩子和别的小朋友发生冲突，我们要观望一下冲突的大小，如果只是言语的冲突和肢体的推搡，父母可以暂时先不管，让自然后果来惩罚孩子。但如果有较大的肢体冲突，会让其他小朋友受到伤害，那么父母就必须出来制止、批评甚至惩罚孩子。如果你的惩罚作用不明显，那么自然后果惩罚也会在不久后发生作用。

要有耐心等待结果

孩子的行为是当下发生的，但后果可能需要一段时间才会呈现，如果我们对此没有耐心，急于纠正孩子的行为，就会着急对孩子进行人为惩罚。其实，幼儿的成长是缓慢的，幼儿的行为也大多没有太严重的后果，不妨等待后果的出现，让后果来教

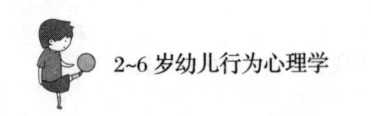

育孩子。例如，孩子没有分享精神，不必对孩子进行批评教育，当下就让他进行分享，可以静待后果，如果孩子过于以自我为中心，可能就交不到朋友，到那时他就会开始反省自己的行为。

不要替孩子承担后果

如果父母替孩子承担后果，那么后果就发挥不了作用。就像我们开头举的例子，孩子向妈妈哭诉："都没有人跟我玩。"妈妈赶紧说："没关系，没关系，我去跟他们说，向他们道歉。"或者"妈妈帮你找其他小朋友和你玩。"这个后果就很难对孩子产生作用，因为他的痛苦很快就消失了。只有让孩子面对后果，并自己解决后果带来的一系列麻烦，这个后果才会使他心理上产生真正的触动，从而促使他必须改变行为。

人为的惩罚和自然后果的惩罚如何结合起来使用？在孩子出现不良行为后，可以对他进行一定的批评和物质上的惩罚，但如果发现作用不大，或者孩子的反抗情绪比较大时，可以停止人为惩罚，等待自然结果的出现。当然，前提是孩子的行为后果没有什么危险。

正面期待：对幼儿未来的行为做出预言

奖励、人为惩罚和自然后果惩罚都是从孩子的行为结果入手，但其实，在孩子的行为没有发生前就对他进行引导，也可以很好地促使孩子在未来发展出良性行为。这个方法叫作"正面期待"或"积极期待"。

正面期待,是指主观上认为孩子的行为会朝良性的方向发展。例如:

"你一定能将这个积木成功搭起来!"

"你一定可以和这个小朋友相处好!"

"你一定能安静地玩半小时玩具,不打扰妈妈。"

"妈妈相信你,你一定不会再在墙上乱画了。"

当你向孩子传递这样的期待时,孩子的行为真的会朝你期待的方向发展。

这其中的原因是"自我实现的预言"。自我实现的预言是美国社会学家罗伯特·默顿提出的,也叫自证预言,是指当自己对自己做了积极的预言后,基于自恋心理,人们会将事情朝这个方向推进,以此证明自己是对的。

简单地说就是,先给自己一个好的结果,然后求证这个结果是对的,在求证的过程中,良好的行为和行为习惯就形成了。

但这是自己对自己的预言,和父母对孩子的正面期待有什么关系呢?我们知道,幼儿还没有形成对自己的认知,他们对自己的认知、评价、判断等来自父母、老师或其他成人,尤其是父母,父母怎么看待他们,他们就怎么看待自己。也就是说,你对孩子的积极期待会变成孩子对自己的积极期待,你对孩子的预言会变成孩子对自己的预言,从而促使他去求证这个

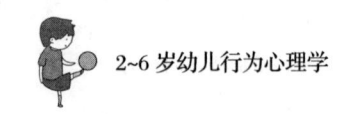

预言是对的。

这就是正面期待的意义。也是我们经常强调的，要多看到孩子的优点，少放大孩子的缺点，因为负面期待也会造成孩子的负面行为。

对成人来说也是如此。即便成人对自己有较为客观的认知，但在听到别人对自己的积极期待时，也会想要去证明它是对的。

自我实现的预言不一定是语言，也可以是行动；不一定是明示，也可以是暗示。

1968年，罗伯特·罗森塔尔博士与雅各布森博士做了一个实验。

他们给一所中学的所有学生进行智商测试，然后告诉老师其中一些学生的智商非常高，并把这些学生的名单给了他们，使得老师认为这些学生在来年的学习成绩一定会突飞猛进。事实上，这些高智商学生是随意抽取的，并非真的高智商。但是，来年，这些"高智商"学生的成绩果然突飞猛进。老师说，他们并没有明示这些学生是高智商，只是通过行为、表情、情绪等对他们做出过一些暗示。

这个实验告诉我们，积极期待有着巨大的力量！

所以，利用正面积极期待，完全可以影响孩子的行为。

抓住孩子的无意识行为，用积极期待将它固定下来

君君的妈妈下班回来，刚推开家门，就一阵惊呼："哇！今天客厅好干净呀！那些玩具都被谁变魔术变走了吗？"

10 行为干预：通过科学的干预手段引导孩子形成正向行为

"是我，妈妈，是我把它们变走的。"君君说道。

"哇！你太棒了！我相信，以后每天你都会变这样的魔术给我看。"

"是的，妈妈，我最喜欢变魔术了！"

果然，从此以后，君君开始积极地收拾玩具了。收拾完之后还不忘跑到妈妈面前问："妈妈，你看我这个魔术师是不是很厉害？"

"非常厉害！妈妈相信有了你，我们家里会越来越干净。"

这很像我们生活中说的"戴高帽子"，给别人一个非常正面（高大）的评价，推动他使自己的行为符合这个评价。这里重点要说的是，君君的良好表现只是无意识的偶然事件，妈妈用积极期待把这种偶然出现的良性行为给"固定"下来，使其变成长期的行为。

但是，如果妈妈忽视了，君君也就失去了一次形成良性行为的机会。

如果此时对孩子进行消极评价，则会形成负面现实。

"哎呀，今天太阳打西边出来了，小祖宗知道把玩具收拾一下了。"

这句话是讽刺、批评，暗含的是对孩子的消极期待——你很懒，不可能经常收拾玩具，今天不过是心血来潮。

那么孩子之后会用行为证明，你的话是对的。

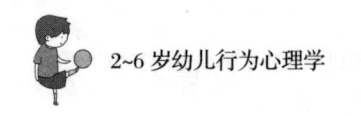

行为或暗示的积极期待有时比语言的效果更好

行为或暗示的积极期待会比语言更自然真实，因此，也更容易让孩子相信。

孩子和某个小朋友发生了矛盾，他忐忑不安地去道歉，你把他送到那个小朋友家门口他站住了。孩子说："妈妈，你不陪我进去吗？"你淡淡地说："不需要，你能搞定的。"你的轻松和轻描淡写实际上表达了对孩子的信任，这种期待比积极的语言"你一定能独自解决这个问题"力量更大。

幼儿园老师在排儿童节的舞蹈，把领舞的任务交给了小薇，这令小薇有些意外，也很惊喜，她没想到，在老师眼里，她是跳得最好的那个。于是回到家，她开始拼命练习，希望配得上领舞这个位子。

这个作用就好比领导总是把最难的任务交给你，这表示，他相信只有你才能胜任。这种期待会让你快乐，也会让你更有动力必须把事情做好，不辜负他的期待。

让孩子积累更多的成功经验，可以帮助孩子实现更多的积极预言

有时候，要想让积极预言更好地发挥作用，需要让孩子积累一定的成功经验。

孩子刚拿到一个魔方，露出了畏难情绪："这个魔方很难呀！"

"是很难，但我相信你肯定能破解他。"

"为什么？"

"因为上次你也玩过一个类似的魔方，刚开始也觉得难，后来很快就破解了呀！"

"嗯……对！"

他一扫之前的愁眉不展，开始认真钻研起来。

孩子信心的恢复来自你这句话：上次你也玩过一个类似的魔方，刚开始也觉得难，后来很快就破解了呀！以前的成功经验给了孩子自信，给了他再次成功的路径，他才有能力把你的积极期待变成积极现实。所以，平常多让孩子多去尝试，多积累一些事情的成功经验，那么，无论是他人对他预言，还是他自己对自己预言，都更容易变成现实。

正面期待的作用也提醒我们，我们的一言一行都影响着孩子的未来。

从强化到正面期待，都告诉我们，肯定孩子，看到孩子积极的一面，更容易让孩子发展出有益于父母、有益于自己、有益于社会的行为。